"十二五"江苏省高等学校重点教材

自动化生产线的安装与调试

第三版 3

THE THIRD EDITION

周天沛　朱　涛　主编

化学工业出版社

·北京·

内容简介

本书分为项目引导篇、项目实践篇和项目拓展篇。主要内容包括自动化生产线的认识、自动化生产线各单元及整体安装与调试、工业机器人和柔性生产线的介绍等。本书以YL-335B型自动化生产线为平台，基于工作过程导向，编写紧扣"准确性、实用性、先进性、可读性"原则，将总任务分解为若干个任务，力求深入浅出、图文并茂，以提高学生学习兴趣和效率。

本书适合作为高职高专相关专业的教材，也可作为相关工程技术人员研究自动化生产线的参考书。

图书在版编目（CIP）数据

自动化生产线的安装与调试 / 周天沛，朱涛主编.
3版. -- 北京 : 化学工业出版社，2025. 5. --（"十二
五"江苏省高等学校重点教材）. -- ISBN 978-7-122
-47545-9

Ⅰ. TP278

中国国家版本馆CIP数据核字第2025A2E061号

责任编辑：廉　静　　　　　　　文字编辑：毛亚囡
责任校对：宋　玮　　　　　　　装帧设计：王晓宇

出版发行：化学工业出版社
　　　　　（北京市东城区青年湖南街13号　邮政编码100011）
印　　装：北京云浩印刷有限责任公司
787mm×1092mm　1/16　印张14¾　字数363千字
2025年7月北京第3版第1次印刷

购书咨询：010-64518888　　　　售后服务：010-64518899
网　　址：http://www.cip.com.cn
凡购买本书，如有缺损质量问题，本社销售中心负责调换。

定　　价：49.00元　　　　　　　　版权所有　违者必究

《自动化生产线的安装与调试》自2013年首次出版以后，承蒙广大读者的厚爱，已连续印刷多次。近年来，随着国内外自动化专业水平的迅速发展，自动化生产线的理论教学、实践训练和人才培养都面临着全新的挑战，《自动化生产线的安装与调试》教材的修订工作也势在必行，本次修订本着"实用性、系统性、互动性、更新性、评估与反馈"的原则，在保持原教材的特色的前提下，从多个维度进行了更新和充实。修订的主要内容包含如下。

在项目实践篇中，对于各个工作单元的安装与调试，按照项目的实施过程进行编写，分别从项目任务书、认识各个工作单元、相关知识讲解、项目准备、项目实施和项目考核六个环节进行讲解，并在每个项目增加了单元工作单，读者可以进行有目的性的学习，符合职业教改的要求。

本次修订增加了拓展案例，有助于读者增强社会责任感、职业竞争力和创新精神，促进全面发展，为未来职业和生活奠定坚实基础。

本书以YL-335B型自动化生产线为平台，针对其安装、调试、运行等过程中应知、应会的核心技术进行了基于工作过程的讲述。本书紧密结合高等职业技术教育的特点，以自动化生产线的安装与调试理论知识与实践相结合为出发点，着重能力培养，帮助读者学习和掌握自动化生产线的安装与调试的基础知识和基本技能，并为进一步学习自动化生产线打下良好的基础。

本书由三大部分组成：第一部分为项目引导篇，主要对自动化生产线及YL-335B型自动化生产线进行了介绍；第二部分为项目实践篇，主要内容是以YL-335B型自动化生产线为平台，针对其五个工作站的安装与调试工作过程进行了讲述，最后对自动化生产线的总体安装与调试进行了讲述；第三部分为项目拓展篇，主要对与自动化生产线有密切关系的工业机器人和柔性生产线技术进行了简要介绍。

本书由徐州工业职业技术学院的周天沛、朱涛担任主编。编写分工如下：项目引导篇的项目一、项目实践篇的项目四由徐州工业职业技术学院的周天沛编写；项目实践篇的项目二由徐州工业职业技术学院的朱涛编写；项目实践篇的项目三由徐州重型机械有限公司的孟维编写；项目实践篇的项目五由江苏建筑职业技术学院的刘明明编写；项目实践篇的项目六由徐州工业职业技术学院的王伟男编写；项目拓展篇由徐州工业职业技术学院的刘清勇编写。在本书的编写过程中，得到了中国亚龙科技集团的大力支持，提供了 YL-335B 型自动化生产线及其技术文档，并派出相关工程技术人员进行指导。另外得到了兄弟高职院校的各位专家和企业专家的帮助，在此，谨向为本书编写和出版付出辛勤劳动的同志表示衷心的感谢。

由于编者水平有限，书中难免存在一些疏漏及不妥之处，恳切希望广大读者批评指正。

编　者

2025 年 2 月

目录
CONTENTS

《自动化生产线的安装与调试》二维码资源目录

项目引导篇

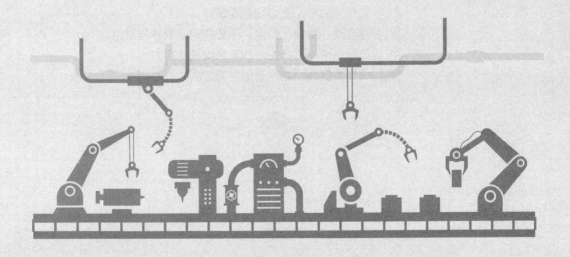

项目一

认识自动化生产线

① 了解自动化生产线的定义和作用。
② 了解自动化生产线的发展趋势。
③ 了解 YL-335B 型自动化生产线的基本结构组成、生产工艺流程。
④ 掌握 YL-335B 型自动化生产线的基本功能。

① 能够区分 YL-335B 型自动化生产线的 5 个单元。
② 能够正确写出 YL-335B 型自动化生产线 5 个单元的 PLC 配置表,并绘制出通信网络。

① 传承严谨细致、追求卓越的工匠精神。
② 养成吃苦耐劳、耐心细致的精神。
③ 养成敬业、精业、勤业、乐业的职业素养与道德。
④ 提高团结协作进行生产线安装调试的能力。
⑤ 提高自我提升及循序渐进学习的能力。

📖 学习环节一
了解自动化生产线及应用

一、什么是自动化生产线

自动化生产线是由自动执行装置（包括各种执行器件、机构，如电机、电磁铁、电磁阀、气动元件、液压元件等），经各种检测装置（包括各种检测器件、传感器、仪表等）检测各装置的工作进程、工作状态，经逻辑、数理运算、判断，按生产工艺要求的程序自动进行生产作业的流水线。

自动化生产线综合应用机械技术、控制技术、传感技术、驱动技术、网络技术、人机接口技术等，通过一些辅助装置按工艺顺序将各种机械加工装置连成一体，并控制液压、气压和电气系统将各个部分动作联系起来，完成预定的生产加工任务。

简单地说，自动化生产线是由工件传送系统和控制系统将一组自动机床和辅助设备按照工艺顺序联结起来，自动完成产品全部或部分制造过程的生产系统，简称自动线。

二、自动化生产线在工厂生产中的应用实例

自动化生产线是在流水线的基础上逐渐发展起来的。它不仅要求线体上各种机械加工装置能自动地完成预定的各道工序及工艺过程，使产品成为合格的制品，而且要求在装卸工件、定位夹紧、工件在工序间的输送、工件的分拣甚至包装等都能自动地进行，使其按照规定的程序自动地进行工作。

下面就介绍几个自动化生产线的应用实例。

如图1-1所示是应用于某公司的塑壳式断路器自动化生产线，包括自动上料、自动铆接、五次通电检查、瞬时特性检查、延时特性检查、自动打标等工序，采用可编程控制器控制，每个单元都有独立的控制、声光报警等功能，采用网络技术将生产线构成一个完善的网络系统，大大提高了劳动生产率和产品质量。

如图1-2所示是某汽车配件厂的制动器自动化装配线。该生产线考虑到设备性能、生产节拍、总体布局、物流传输等因素，采用标准化、模块化设计，选用各种机械手及可编程自动化装置，实现零件的自动供料、自动装配、自动检测、自动打标、自动包装等装配过程自动化，采用网络通信监控、数据管理实现控制与管理。

如图1-3所示是某日化厂的自动化灌装线，主要完成上料、灌装、封口、检测、打标、包装、码垛等生产过程，实现集约化大规模生产的要求。

三、自动化生产线的发展过程

人类在制造工具的过程中得到发展，人类发展需要越来越好的工具。人类自从学会利用天然工具更好地维持生命后，就一直没有停止对工具的渴望和不懈的追求。在这个过程中，

图 1-1　塑壳式断路器自动化生产线图

图 1-2　某汽车制动器自动化装配线

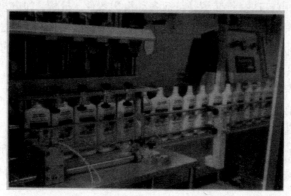

图 1-3　某日化厂自动化灌装线

人类的创新能力也在不断地提高。生产线就是人类生产活动的一种工具。它体现了人类的智慧。世界上任何事物的发展都经历了从低级到高级的过程，人类社会生产力的发展也是如此。1896 年，福特汽车公司在底特律的小作坊里生产出了第一辆轿车。此后，由于市场需求量扩大，原有的小作坊生产模式不能满足市场需求，必须寻求新的生产模式，自动化生产线生产方式就是在这个时期问世的。

自动化生产线生产方式的优点是：它能使复杂的汽车装配工作变得简单，各个岗位上的工人只要经过短期、简单的培训就可以上岗了。这样就免去了 3~5 年的学徒时间，简单的工作岗位还可以少出差错、易熟练操作、提高效率。可以想象到，一位操作工记住几百至上千的零件安装顺序是多么不容易！

20 世纪初，美国汽车制造业兴起，成批生产汽车急需新的生产方式。要想让一位工人短时间内熟练掌握相应的加工技能，提高生产率和质量，最好的方法就是将复杂的加工及组装内容分解为简单、容易操作的。例如，在一间很长的车间内组装汽车，工人被安排在组装线两侧的各个工位上，每位工人只加工或组装一个或几个零件。本工位上加工或组装好的部件被传送装置送到下一个工位上，再由该工位的工人继续加工或组装，直到整部汽车被组装结束。这就是真正意义上的自动化生产线式的生产。由于它的优势明显，具有很强的竞争力，所以，很快就在其他加工行业普及开来。例如，电视生产线、冰箱生产线、包装生产线、啤酒灌装生产线、手机生产线等。这种生产方式还影响了其他许多产业的发展，如机械制造、冶金、电子、仪表、化工学、造纸、航空、家电、食品、医药等。可以说，目前 70% 的工业产品都是在自动化生产线上生产的。

四、自动化生产线的发展趋势

自动化生产线所涉及的技术领域是很广泛的，它的发展、完善是与各种相关技术的进步及相互渗透紧密相连的。各种技术的不断更新推动了它的迅速发展。

可编程控制器是一种以顺序控制为主、网络调节为辅的工业控制器。它不仅能完成逻辑判断、定时、记忆和算术运算等功能，而且能大规模地控制开关量和模拟量。基于这些优点，可编程控制器取代了传统的顺序控制器，开始广泛应用于自动化生产中的控制系统。

由于微型计算机的出现，机器人内装的控制器被计算机代替而产生了工业机器人，以工业机械手最为普遍。各具特色的机器人和机械手在自动化生产中的装卸工件、定位夹紧、工件传输、包装等部分得到了广泛应用。现在正在研制的新一代智能机器人不仅具有运动操作技能，而且还有视觉、听觉、触觉等感觉的辨别能力，具有判断、决策能力。这种机器人的成功研制将把自动化生产带入一个全新的领域。

液压和气动技术，特别是气动技术，是将取之不尽的空气作为介质的，具有传动反应快、动作迅速、气动元件制作容易、成本小、便于集中供应和长距离输送等优点，从而引起人们的普遍重视。气动技术已经发展成为一个独立的技术领域，在各行业，特别是在自动线中得到了迅速的发展和广泛的使用。

此外，传感技术随着材料科学的发展和固体效应的不断出现，形成了一个新型的科学技术领域。在应用上出现了带微处理器的"智能传感器"，它在自动化生产中监视着各种复杂的自动控制程序，起着极其重要的作用。

进入 21 世纪，在计算机技术、网络通信技术和人工智能技术的推动下，将生产出智能控制设备，使工业生产过程有一定的自适应能力。所有这些支持自动化生产的相关技术的进一步发展，使得自动化生产技术功能更加齐全、完善、先进，从而能完成技术性更复杂的操作，并能生产或装配工艺更高的产品。

学习环节二

认识 YL-335B 型自动化生产线

一、YL-335B 型自动化生产线的基本结构

YL-335B 型自动化生产线由供料单元、加工单元、装配单元、分拣单元和输送单元 5 个单元组成，各工作站均设置一台 PLC 承担其控制任务，各台 PLC 之间通过 RS-485 串行通信的方式进行通信，构成分布式的控制系统，其外观如图 1-4 所示。

YL-335B 型自动化生产线的工作过程：将供料单元料仓内的工件送往加工单元的物料台，完成加工操作后，把加工好的工件送往装配单元的物料台，然后把装配单元料仓内的不同颜色的小圆柱工件嵌入物料台上的工件中，完成装配后的成品送往分拣单元，分拣站根据工件的材质、颜色进行分拣。

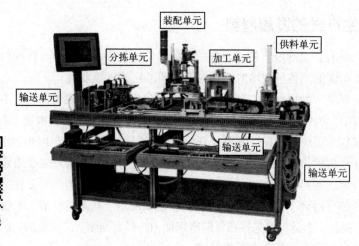

YL-335B 生产线
的工作过程

图 1-4　YL-335B 型自动化生产线外观图

每一工作单元都可自成一个独立的系统，同时也都是一个机电一体化的系统。各个单元的执行机构基本上以气动执行机构为主，但输送单元的机械手装置的整体运动则采取伺服电机驱动、精密定位的位置控制。该驱动系统具有长行程、多定位点的特点，是一个典型的一维位置控制系统。分拣单元的传送带驱动则采用了通用变频器驱动三相异步电机的交流传动装置。位置控制和变频器技术是现代工业企业应用最为广泛的电气控制技术。

在 YL-335B 设备上应用了多种类型的传感器，分别用于判断物体的运动位置、物体通过的状态、物体的颜色及材质等。传感器技术是自动化生产线中的关键技术之一，是现代工业实现智能加工和智能制造的关键载体。

在控制方面，YL-335B 采用了基于 RS-485 串行通信的 PLC 网络控制方案，即每一工作单元由一台 PLC 承担其控制任务，各 PLC 之间通过 RS-485 串行通信实现互连的分布式控制方式。用户可根据需要选择不同厂家的 PLC 及其所支持的 RS-485 通信模式组建成一个小型的 PLC 网络。掌握基于 RS-485 串行通信的 PLC 网络技术，将为进一步学习现场总线技术、工业以太网技术等打下良好的基础。

二、YL-335B 型自动化生产线的基本功能

① 供料单元的基本功能：供料单元是 YL-335B 中的起始单元，在整个系统中，起着向系统中的其他单元提供原料的作用。具体的功能是按照需要将放置在料仓中待加工工件（原料）自动地推出到物料台上，以便输送单元的机械手将其抓取，并输送到其他单元上。其外观图如图 1-5 所示。

② 加工单元的基本功能：将输送单元的机械手装置从供料单元物料台上抓取的工件送到该单元的冲压机构下面，完成一次冲压加工动作，然后再送回到物料台上，待输送单元的抓取机械手装置取出。其外观图如图 1-6 所示。

③ 装配单元的基本功能：完成将该单元料仓内的黑色或白色小圆柱零件嵌入已加工的工件中的装配过程，其外观图如图 1-7 所示。

④ 分拣单元的基本功能：完成将上一单元送来的已加工、装配的工件进行分拣，实现不同属性（颜色、材料等）的工件从不同的料槽分流的功能，其外观图如图 1-8 所示。

图 1-5　供料单元外观图

图 1-6　加工单元外观图

图 1-7　装配单元外观图

图 1-8　分拣单元外观图

⑤ 输送单元的基本功能：该单元通过直线运动传动机构驱动抓取机械手装置到指定单元的物料台上精确定位，并在该物料台上抓取工件，把抓取到的工件输送到指定地点后放下，从而实现传送工件的功能，其外观图如图 1-9 所示。

图 1-9　输送单元外观图

三、YL-335B 的控制系统

YL-335B 型自动化生产线采用 5 台 PLC，分别采用三菱 FX 系列 PLC 或者是西门子 S7-200 系列 PLC，分别去控制供料单元、加工单元、装配单元、分拣单元和输送单元 5 个单元。5 台 PLC 采用 RS-485 串行通信。各工作单元的 PLC 配置如表 1-1（三菱 FX 系列）所示，YL-

335B 的通信网络如图 1-10（三菱 FX 系列）所示。

表 1-1　各工作单元的 PLC 配置表（三菱 FX 系列）

工作单元名称	PLC 配置清单
供料单元	FX2N-32MR 主单元，共 16 点输入，16 点继电器输出
加工单元	FX2N-32MR 主单元，共 16 点输入，16 点继电器输出
装配单元	FX2N-48MR 主单元，共 24 点输入，24 点继电器输出
分拣单元	FX2N-32MR 主单元，共 16 点输入，16 点继电器输出
输送单元	FX1N-40MT 主单元，共 24 点输入，16 点晶体管输出

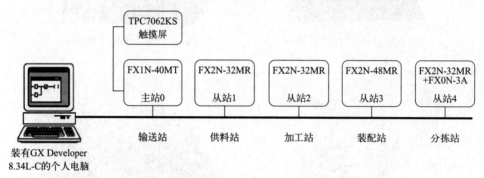

图 1-10　YL-335B 的通信网络（三菱 FX 系列）

四、YL-335B 的供电系统

　　YL-335B 要求外部供电电源为三相五线制 AC 380V/220V，图 1-11 所示为供电系统的一次回路原理图。图中，总电源开关选用 DZ47LE-32/C32 型三相四线漏电开关。系统各主要负载通过自动开关单独供电。其中，变频器电源通过 DZ47C16/3P 三相自动开关供电，各工作站的 PLC 均采用 DZ47C5/1P 单相自动开关供电。此外，系统配置 4 台 DC 24V/6A 开关稳压电源分别用作供料、加工、分拣及输送单元的直流电源。图 1-12 所示为配电箱元件位置布局图。

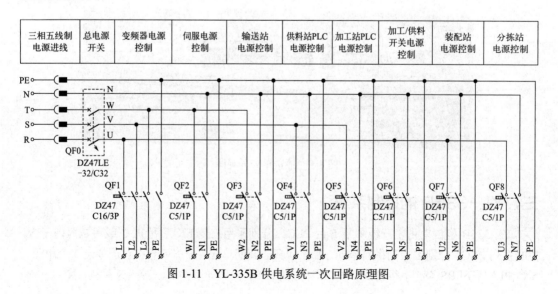

图 1-11　YL-335B 供电系统一次回路原理图

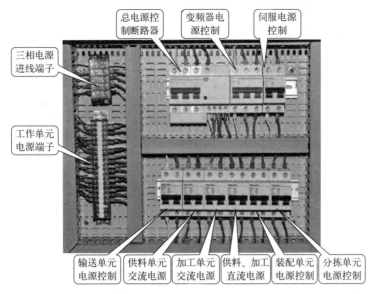

图 1-12 配电箱元件位置布局图

 课后思考题

1. YL-335B 型自动化生产线的主要结构组成有哪些？

2. YL-335B 型自动化生产线中的输送单元的功能是什么？它如何实现精确定位？

3. YL-335B 型自动化生产线涵盖了哪些核心技术？

《认识自动化生产线》测试题

拓展案例 启发探索精神，胸怀科技兴国

中国高铁：为世界高速铁路商业运营树立了新标杆

近年来，安全快捷、平稳舒适的中国高铁为世界高速铁路商业运营树立了新的标杆。随着中国特色社会主义进入新时代，作为"中国名片"的高速铁路也将踏上自己的新征程，跑出发展新速度。

（1）建成世界最大高铁网

面对世界经济复苏乏力、中国经济发展进入新常态等一系列深刻变化，中国坚定不移地贯彻新发展理念，坚持稳中求进工作总基调，迎难而上，开拓进取，取得了历史性成就。

截至 2023 年底，中国铁路营业里程达到 15.9 万公里，其中通车高铁里程超过 5.4 万公里。中国累计投入运行的高铁动车组达到 2595 组，超过全球总量的 60%。同时，中国已建成世界上规模最大、运营速度最快、具有完全自主知识产权的高速铁路网络。驰骋在神州大地上的高铁，正在以前所未有的"加速度"改变着国人的生活，为经济发展提供了

新的动力。

（2）变身高铁技术引领者

"5年来，作为动车、高铁'大脑'的内控系统经历3次升级换代，3代系统都是中国自主研发的。习近平总书记在十九大报告中提到高铁发展，我特别骄傲。"说到中国高铁技术的进步，十九大代表、南昌铁路局福州机务段动车组首席技师陈承仪感受深刻。

近年来，中国高铁异军突起，打破了历来为欧美日等跨国公司所垄断的全球高铁市场。中国工程院院士丁荣军说，中国几乎拥有所有世界先进轨道交通装备的核心技术，且修建高铁的平均成本只有外国企业的一半，施工效率却是其一倍以上。

并非起源于中国的高铁，为何却在这片热土上跑成全球第一？

事实上，中国高铁的发展也是一路克服困难、爬坡过坎才实现"弯道超车"的。从历史看，中国高铁经历了整车进口、合作生产、零部件国产化、系统集成取得整车知识产权4个阶段的发展，才形成了今天的高铁技术体系。

高铁肇始于日本、发展于欧洲、格局大变于中国。而实现自主知识产权、贯通中国只是第一步，中国目标是要通过铁路联通世界，把世界连接成为一个紧密的整体。

如今，中国高铁终于实现由"追赶者"到"引领者"的角色转换，成为了中华民族伟大复兴的"加速器"，中国新的"外交名片"和"形象代表"。

项目实践篇

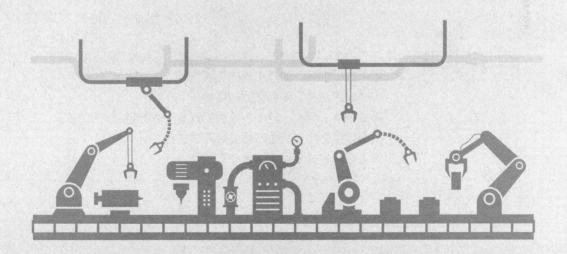

项目二

供料单元的安装与调试

项目二 供料单元的安装与调试

学习环节一

项目任务书

学习领域	自动化生产线的安装与调试		
学习项目	项目二 供料单元的安装与调试		
学习小组	第 组		
工作过程描述	① 设备上电和气源接通后，若工作单元的两个气缸均处于缩回位置，且料仓内有足够的待加工工件，则"正常工作"指示灯 HL1 常亮，表示设备准备好。否则，该指示灯以 1Hz 的频率闪烁。 ② 若设备准备好，按下启动按钮，工作单元启动，"设备运行"指示灯 HL2 常亮。启动后，若出料台上没有工件，则应把工件推到出料台上。出料台上的工件被人工取出后，若没有停止信号，则进行下一次推出工件操作。 ③ 若在运行中按下停止按钮，则在完成本工作周期任务后，各工作单元停止工作，HL2 指示灯熄灭。 ④ 若在运行中料仓内工件不足，则工作单元继续工作，但"正常工作"指示灯 HL1 以 1Hz 的频率闪烁，"设备运行"指示灯 HL2 保持常亮。若料仓内没有工件，则 HL1 指示灯和 HL2 指示灯均以 2Hz 的频率闪烁。工作站在完成本周期任务后停止。除非向料仓补充足够的工件，工作站不能再启动		
教学和学习资源	学习资料	学习软件	实训设备
	教材、实训手册、任务书、工作单、课程网站	GX-Developer-8.86/MCGS 安装包_7.7.1.1_V1.4	自动化生产线的安装与调试实训室
教学组织	分组教学，一组 3～5 人，团队合作		
学习流程	供料单元的元件认知 → 安全操作规范的熟悉 → 分解供料的工作过程 → 供料单元的设备安装 → 气路设计与连线调试 → 电路设计与接线调试 → 程序编制与系统调试 → 整理工作台		
学习过程	六步法	学生活动	教师活动
	资讯	确定项目负责人，接受任务，观看 FLASH 动画课件、视频以及整个过程动作，分组讨论，查阅相关资料，准确描述整个供料单元的工作过程	提出工作任务，明确控制要求，负责对供料单元的工作过程进行归纳，然后分发任务书
	决策、计划	设计计划，项目计划符合目标要求，讨论方案的可行性，是否符合操作规范，最终确定工作计划。形成计划书一份	对学生给予实时的指导与评价，与学生交流发挥咨询者和协调人的作用
	实施	按照学习流程图开展顺序合理分工，逐项完成子任务，最后合作完成系统工作。形成过程监控记录一份	引导学生完成元器件的选型、电气线路的安全检查，加强与学生的交流，监控每个团队的工作进程，设置故障，激发学生思考，做好咨询者角色
	检查、评价	展示成果，各小组对工作完成情况进行自评，并开展互评，取长补短，优化方案。同时根据工作记录写出工作总结，做 PPT 进行汇报	经常向学生了解情况，听取学生的反馈信息，在项目的进展过程中做好记录，在项目结束时进行评价
提交材料	供料单元电气接线图一份、供料单元气动回路控制图一份、供料单元 PLC 编程 I/O 分配表一份、供料单元 PLC 程序一份、汇报 PPT 一份		
考核要点	机械安装牢固可靠、电气接线无松动、电气图纸绘制标准、供料站动作正确无误。软件的使用：上传、下载、运行、通信设置、I/O 地址分配、硬件接线、程序的编写、调试		
考核方式	小组的自我评价、教师对小组的评价、教师对个人的评价		

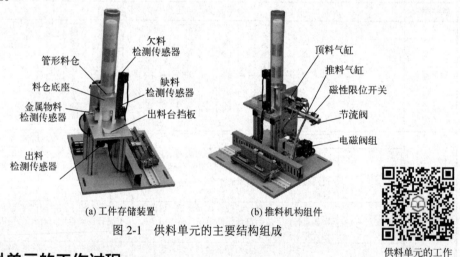

￫ 学习环节二

认识供料单元

一、供料单元的功能

供料单元是 YL-335B 中的起始单元，在整个系统中，起着向系统中的其他单元提供原料的作用。具体的功能是：按照需要将放置在料仓中的待加工工件（原料）自动地推出到物料台上，以便输送单元的机械手将其抓取，输送到其他单元上。

二、供料单元的结构

供料单元的主要结构为工件存储装置、推料机构组件（见图 2-1）。其中工件存储装置包括管形料仓、料仓底座、出料台挡板、欠料检测传感器、缺料检测传感器、金属物料检测传感器和出料检测传感器。推料机构组件包括顶料气缸、推料气缸、磁性限位开关、节流阀和相应的电磁阀组。

管形料仓
欠料检测传感器
料仓底座
缺料检测传感器
金属物料检测传感器
出料台挡板
出料检测传感器
(a) 工件存储装置

顶料气缸
推料气缸
磁性限位开关
节流阀
电磁阀组
(b) 推料机构组件

图 2-1 供料单元的主要结构组成

供料单元的工作
过程描述

三、供料单元的工作过程

该部分的工作原理：工件垂直叠放在料仓中，推料气缸处于料仓的底层并且其活塞杆可从料仓的底部通过。当活塞杆在退回位置时，它与最下层工件处于同一水平位置，而顶料气缸则与次下层工件处于同一水平位置。在需要将工件推出到物料台上时，首先使顶料气缸的活塞杆推出，压住次下层工件；然后使推料气缸的活塞杆推出，从而把最下层工件推到物料台上。在推料气缸返回并从料仓底部抽出后，再使顶料气缸返回，松开次下层工件。这样，料仓中的工件在重力的作用下，就自动向下移动一个工件，为下一次推出工件做好准备。

在底座和管形料仓第 4 层工件位置分别安装一个漫射式光电开关。它们的功能是检测料仓中有无储料或储料是否足够。若该部分机构内没有工件，则处于底层和第 4 层位置的两个漫射式光电开关均处于常开状态；若从底层起仅有 3 个工件，则底层处漫射式光电开关动作，而第 4 层处漫射式光电开关处于常开状态，表明工件已经快用完了。这样，料仓中有无储料或储料是否足够，即可用这两个漫射式光电开关的信号状态反映出来。

推料气缸把工件推到出料台上。出料台面开有小孔，出料台下面设有一个圆柱形漫射式光电开关，工作时向上发出光线，从而透过小孔检测是否有工件存在，以便向系统提供本单元出料台有无工件的信号。在输送单元的控制程序中，即可利用该信号状态来判断是否需要驱动机械手装置来抓取此工件。

📖 学习环节三

相关知识讲解

一、供料单元的传感器

1. 光电开关

（1）光电开关的类型

光电开关是利用光的各种性质，检测物体的有无和表面状态的变化等的传感器。其中，输出形式为开关量的传感器是光电式接近开关。

光电开关主要由光发射器和光接收器构成。如果光发射器发射的光线因检测物体不同而被遮掩或反射，到达光接收器的量将会发生变化。光接收器的敏感元件将检测出这种变化，并转换为电气信号进行输出。大多使用可视光（主要为红色，也用绿色、蓝色来判断颜色）和红外光。

按照接收器接收光方式的不同，光电开关可分为对射式、漫射式和回归反射式 3 种，如图 2-2 所示。

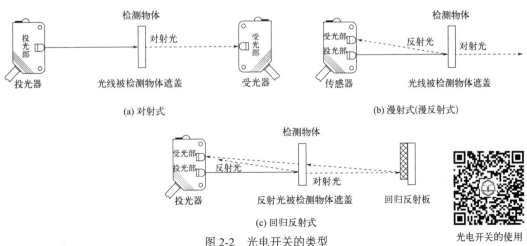

图 2-2 光电开关的类型

光电开关的使用

（2）漫射式光电开关

漫射式光电开关是利用光照射到被测物体上后反射回来的光线而工作的，由于物体反射的光线为漫射光，故称为漫射式光电开关。它的光发射器与光接收器处于同一侧位置，且为一体化结构。在工作时，光发射器始终发射检测光，若光电开关前方一定距离内没有物体，则没有光被反射到接收器，光电开关处于常开状态而不动作；反之，若光电开关的前方一定距离内出现物体，只要反射回来的光强度足够，则接收器接收到足够的漫射光就会使光电开关动作而改变输出的状态。漫射式光电开关的外形、调节旋钮、显示灯和电气符号如图 2-3 所示。

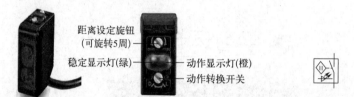

距离设定旋钮
（可旋转5周）

稳定显示灯（绿）

动作显示灯（橙）
动作转换开关

(a) 漫射式光电开关的外形、调节旋钮、显示灯　　(b) 漫射式光电开关的电气符号

图 2-3　漫射式光电开关的外形、调节旋钮、显示灯和电气符号

在图 2-3 中：

① 动作转换开关的功能是选择受光动作或遮光动作模式，即当此开关按顺时针方向充分旋转时（L 侧），则进入受光模式，当此开关按逆时针方向充分旋转时（D 侧），则进入遮光模式。

② 动作显示灯为橙色 LED（输出 ON 时亮起），稳定显示灯为绿色 LED（稳定工作状态时亮起）。

③ 距离设定旋钮是 5 回转调节器，调整距离时注意逐步轻微旋转，否则若充分旋转调节器会空转。

（3）漫射式光电开关的安装与调试

① 安装与接线　根据机械安装图将光电开关初步安装固定，然后连接电气接线。图 2-4 所示为 YL-335B 型自动化生产线中使用的漫射式光电开关电路原理图。在该图中，光电开关具有电源极性及输出反接保护功能。光电开关具有自我诊断功能，当设置后的环境（温度、电压、灰尘等）变化的裕度满足要求时，稳定显示灯显示（如果裕度足够，则亮灯）。当接收光的光敏元件接收到有效光信号时，控制输出的三极管导通，同时动作显示灯显示。这样光电开关能检测自身的光轴偏离、透镜面（传感器面）的污染、地面和背景的影响、外部干扰的状态等传感器的异常和故障，有利于进行养护，以便设备稳定工作。这也给安装调试工作带来了方便。

说明：在传感器布线过程中注意电磁干扰，不要被阳光或其他光源直接照射，不要在产生腐蚀性气体、接触到有机溶剂、灰尘较大等的场所使用。

如图 2-4 所示，将光电开关棕色线接 PLC 输入模块电源"+"端，蓝色线接 PLC 输入模块电源"−"端，黑色线接 PLC 的输入点。

② 调试　光电开关具有检测距离长、对检测物体的限制小、响应速度快、分辨率高、便于调整等优点。但在光电开关的安装过程中，必须保证传感器到被检测物的距离在"检出距离"范围内，同时考虑被检测物的形状、大小、表面粗糙度及移动速度等因素。调试过程

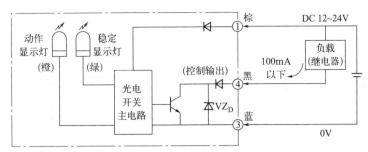

图 2-4　漫射式光电开关电路原理图

如图 2-5 所示。图 2-5(a) 中，光电开关调整位置不到位，对工件的反应不敏感，动作灯不亮；图 2-5(b) 中光电开关位置调整合适，对工件的反应敏感，动作显示灯亮而且稳定显示灯亮；图 2-5(c) 中，当没有工件靠近光电开关时，光电开关没有输出。具体调整方法如下：首先按逆时针方向将距离设定旋钮充分旋到最小检测距离（约为 20mm），然后根据要求距离放置检测物体，按顺时针方向逐步旋转距离设定旋钮，找到传感器进入检测状态的点，再拉开检测物体距离，按顺时针方向进一步旋转距离设定旋钮，直到传感器再次进入检测状态。一旦进入，逆时针旋转距离设定旋钮回到非检测状态的点，两点之间的中点为稳定检测物体的最佳位置。调试光电开关的位置，合适后将固定螺母锁紧。

(a) 光电开关没有安装合适　　　(b) 光电开关调整到位检测到工件　　　(c) 光电开关没有检测到工件

图 2-5　光电开关的调试过程

2. 磁性开关

（1）认识磁性开关

在 YL-335B 型自动化生产线中，磁性开关用于各类气缸的位置检测，其实物图及电气符号图如图 2-6 所示。

磁性开关的使用

磁性开关是一种非接触式位置检测开关，这种非接触式位置检测不会磨损和损伤检测对象物，响应速度高。磁性开关用于检测磁性物质的存在，安装方式上有导线引出型、接插件式、接插件中继型。YL-335B 中使用的磁性开关全部安装在双作用气缸上，这种气缸的活塞（或活塞杆）上安装磁性物质，在气缸缸筒外面的两端位置各安装一个磁性开关，就可以用这两个传感器分别标识气缸运动的两个极限位置。当有磁性物质接近磁性开关时，传感器动作，并输出开关信号。图 2-7 所示是带磁性开关的气缸的工作原理图。当气缸中随活塞移动的磁环靠近开关时，舌簧开关的两根簧片被磁化而相互吸引，触点闭合；当磁环远离开关后，簧片失磁，触点断开。触点闭合或断开时发出电控信号，在 PLC 的自动控制中，可以利用该信号判断推料及顶料气缸的运动状态或所处的位置，以确定工件是否被推出或气缸是否返回。

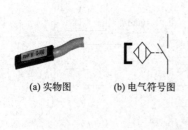

(a) 实物图   (b) 电气符号图

图 2-6　磁性开关

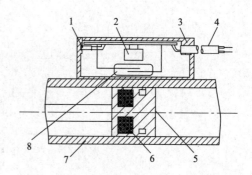

图 2-7　带磁性开关的气缸的工作原理图

1—动作指示灯；2—保护电路；3—开关外壳；4—导线；
5—活塞；6—磁环（永久磁铁）；7—缸筒；8—舌簧开关

（2）磁性开关的安装与调试

① 电气接线　重点要考虑传感器的尺寸、位置、安装方式、布线工艺、电缆长度以及周围工作环境因素对传感器工作的影响。磁性开关有蓝色和棕色 2 根引出线，使用时蓝色引出线应连接到 PLC 输入公共端，棕色引出线应连接到 PLC 输入端。请按照图 2-8 将磁性开关与 PLC 的输入端口连接。在磁性开关上设置有 LED，用于显示传感器的信号状态，供调试与运行监视时观察。当气缸活塞靠近时，磁性开关输出动作，输出"1"信号，LED 亮；当没有气缸活塞靠近时，磁性开关输出不动作，输出"0"信号，LED 不亮。

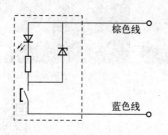

棕色线

蓝色线

图 2-8　磁性开关内部电路

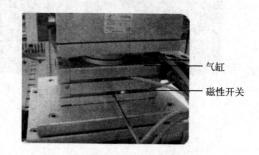

气缸

磁性开关

图 2-9　磁性开关的调整

② 磁性开关在气缸上的安装与调整　磁性开关与气缸配合使用，如果安装不合理，可能使得气缸的动作不正确。当气缸活塞移向磁性开关，并接近到一定距离时，磁性开关才有"感知"，开关才会动作，通常把这个距离叫"检出距离"。

在气缸上安装磁性开关时，先把磁性开关装在气缸上，磁性开关的安装位置根据控制对象的要求调整。调整方法比较简单，只要让磁性开关到达指定位置后，用螺丝刀（螺钉旋具）旋紧固定螺钉（或螺母）即可，如图 2-9 所示。

二、供料单元的气动元件

在 YL-335B 型自动化生产线上安装了许多气动元件，包括气泵、过滤减压阀、单向电磁阀、双向电磁阀、气缸、汇流板等。其中气缸使用了笔形气缸、薄型气缸、回转气缸、双杆气缸、手指气缸 5 种类型共 17 个。图 2-10 所示为 YL-335B 中使用的气动元件。

(a) 气泵　　　　　　　　(b) 过滤减压阀　　　　　　(c) 电磁阀及汇流板

(d) 双向电磁阀　　　　　　(e) 薄型气缸　　　　　　(f) 双杆气缸

(g) 手指气缸　　　　　　(h) 笔形气缸　　　　　　(i) 回转气缸

图 2-10　YL-335B 中使用的气动元件

图 2-10 实际包含四部分：气源装置、执行元件、控制元件、辅助元件。

① 气源装置：用于将原动机输出的机械能转变为空气的压力能。其主要设备是空气压缩机，如图 2-10 (a) 所示的气泵。

② 执行元件：用于将空气的压力能转变成机械能的能量转换装置，如图 2-10 (e) ～ (i) 所示的各式气缸。

③ 控制元件：用于控制压缩空气的压力、流量和流动方向，以保证执行元件具有一定的输出力和速度并按设计的程序正常工作，如图 2-10 (c)、(d) 所示的电磁阀。

④ 辅助元件：用于辅助保证空气系统正常工作的一些装置，如过滤减压阀 [见图 2-10 (b)]、干燥器、空气过滤器、消声器和油雾器等。

1. 气泵的认知

YL-335B 型自动化生产线上使用的气泵如图 2-11 所示，包括空气压缩机、压力开关、安全保护器、储气罐、压力表、气源开关、主管道过滤器。气泵的作用是用来产生具有足够压力和流量的压缩空气，压缩空气经过过滤、调压、雾化后输送到各个单元。在进行压力调节时，转动旋钮前要先拉起再旋转，压下旋钮为定位，旋钮向右旋转为调高出口压力，向左旋转为调低出口压力。调节压力时，应逐步均匀地调至所需压力值，不一定要一步调整到位。

2. 气动执行元件的认知

气动执行元件是用来驱动机械设备做直线运动、摆动运动和旋转运动的元件。常用的气动执行元件有气缸、摆动缸、气马达和气动手指等，在供料单元中常用的气动执行元件主要是标准气缸。

图 2-11　气泵上的元件介绍

　　标准气缸是指气缸的功能和规格是普遍使用、结构容易制造、制造厂通常作为通用产品供应市场的气缸。

　　在气缸运动的两个方向上，根据受气压控制方向个数的不同，气缸可分为单作用气缸和双作用气缸。

　　单作用气缸在缸盖一端气口输入压缩空气使活塞杆伸出（或缩回），而另一端靠弹簧力、自重或其他外力等使活塞杆恢复到初始位置。单作用气缸只在动作方向需要压缩空气，故可节约一半压缩空气，主要用在夹紧、退料、阻挡、压入、举起和进给等操作方面。

　　根据复位弹簧位置将作用气缸分为预缩型气缸和预伸型气缸，如图 2-12 所示。当弹簧装在有杆腔内时，由于弹簧的作用力而使气缸活塞杆的初始位置处于缩回位置，这种气缸称为预缩型气缸；当弹簧装在无杆腔内时，气缸活塞杆的初始位置为伸出位置，称为预伸型气缸。

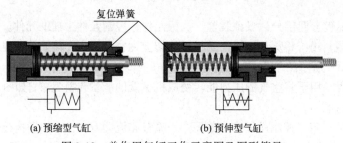

图 2-12　单作用气缸工作示意图及图形符号

　　双作用气缸是应用最为广泛的气缸，所谓双作用是指活塞的往复运动均由压缩空气来推动。在单伸出活塞杆的动力缸中，因活塞右边面积比较大，当空气压力作用在右边时，提供一慢速、作用力大的工作行程；返回行程时，由于活塞左边的面积较小，所以速度较快而作用力变小。此类气缸的使用最为广泛，一般应用于包装机械、食品机械、加工机械等设备上。

　　其动作原理：从无杆腔端的气口输入压缩空气时，若气压作用在活塞左端面上的力克服了运动摩擦力、负载等各种反作用力，则当活塞前进时，有杆腔内的空气经该端气口排出，使活塞杆伸出。同样，当有杆腔端气口输入压缩空气时，活塞杆缩回至初始位置。通过无杆腔和有杆腔交替进气和排气，活塞杆伸出和缩回，气缸实现往复直线运动。双作用气缸工作示意图及图形符号如图 2-13 所示。

　　双作用气缸具有结构简单、输出力稳定、行程可根据需要选择的优点，但由于是利用压缩空气交替作用于活塞上实现伸缩运动，回缩时压缩空气的有效作用面积较小，所以产生的力要小于伸出时产生的推力。

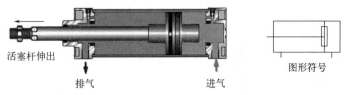

图 2-13　双作用气缸工作示意图及图形符号

3. 气动控制元件的认知

气动控制元件用来为执行元件和其他控制元件提供气源，主要功能是控制气路中执行元件的动作变换。常见的气动控制元件有流量控制阀、方向控制阀和压力控制阀等。

（1）流量控制阀

流量控制阀是由单向阀和节流阀并联而成的，常用于控制气缸的运动速度，所以也称为速度控制阀，如图 2-14 所示。当空气从气缸排气口排出时，单向密封圈处在封堵状态，单向阀关闭，这时只能通过调节手轮使节流阀杆上下移动以改变气流开度，从而达到节流作用。反之，在进气时，单向密封圈被气流冲开，单向阀开启，压缩空气直接进入气缸进气口，节流阀不起作用。因此，这种节流方式称为排气节流方式。

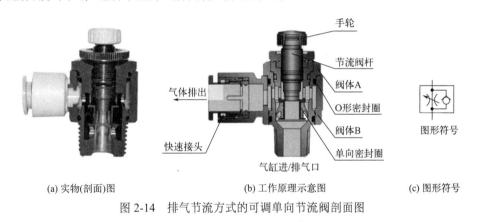

(a) 实物(剖面)图　　　　　(b) 工作原理示意图　　　　　(c) 图形符号

图 2-14　排气节流方式的可调单向节流阀剖面图

图 2-15 给出了在双作用气缸上装上两个排气型单向节流阀的连接和调整示意图。当压缩空气从 A 端进气、从 B 端排气时，单向节流阀 A 的单向阀开启，向气缸无杆腔快速充气；由于单向节流阀 B 的单向阀关闭，有杆腔的气体只能经节流阀排气，调节节流阀 B 的开度，便可改变气缸伸出时的运动速度，反之，调节节流阀 A 的开度则可改变气缸缩回时的运动速度。这种控制方式活塞运行稳定，是最常用的方式。

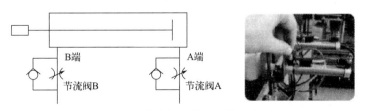

图 2-15　节流阀连接和调整示意图

可调节流阀常用于调节气缸活塞的运动速度，可直接安装在气缸上。这种节流阀有双向节流作用。使用节流阀时，节流面积不宜太小，因空气中的冷凝水、尘埃等塞满阻流口通路会

图 2-16　安装了带快速接头的
限出型气缸节流阀的气缸外观

引起节流量的变化。

为了使气缸的动作平稳可靠，气缸的作用气口都安装了限出型气缸节流阀。气缸节流阀的作用是调节气缸的动作速度。节流阀上带有气管的快速接头，只要将合适外径的气管往快速接头上一插就可以将管连接好了，使用时十分方便。图 2-16 所示是安装了带快速接头的限出型气缸节流阀的气缸外观。

（2）方向控制阀

方向控制阀是用来改变气流流动方向或通断的控制阀，通常使用的是电磁阀。顶料或推料气缸，其活塞的运动是依靠向气缸一端进气，并从另一端排气，然后从另一端进气，一端排气来实现的。气体流动方向的改变则由能改变气体流动方向或通断的控制阀（即方向控制阀）加以控制。在自动控制中，方向控制阀常采用电磁控制方式实现方向控制，称为电磁换向阀。

电磁阀利用其电磁线圈通电时，静铁芯对动铁芯产生的电磁吸力使阀芯切换，达到改变气流方向的目的。图 2-17 所示是一个单电控二位三通电磁换向阀的工作原理示意。

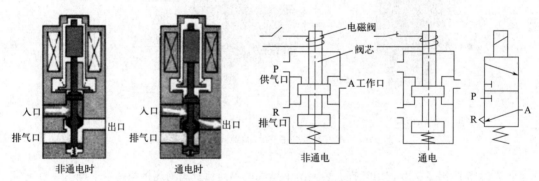

图 2-17　单电控二位三通电磁换向阀的工作原理

所谓"位"指的是为了改变气体方向，阀芯相对于阀体所具有的不同的工作位置。"通"的含义则指换向阀与系统相连的通口，有几个通口即为几通。在图 2-17 中，只有两个工作位置，且具有供气口 P、工作口 A 和排气口 R，故为二位三通阀。

图 2-18 分别给出二位三通、二位四通和二位五通单电控电磁换向阀的图形符号，图形中有几个方格就是几位，方格中的"⊤"和"⊥"符号表示各接口互不相通。

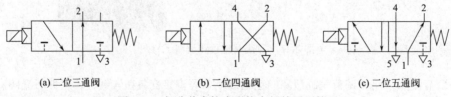

（a）二位三通阀　　　　　（b）二位四通阀　　　　　（c）二位五通阀

图 2-18　部分单电控电磁换向阀的图形符号

　　YL-335B 所有工作单元的执行气缸都是双作用气缸，因此控制它们工作的电磁阀需要有两个工作口（A、B 口）、两个排气口（R、S 口）和一个供气口（P 口），故使用的电磁阀均为二位五通电磁阀，其内部结构如图 2-19 所示。

　　在 YL-335B 中采用电磁阀组连接形式，就是将多个电磁阀与消声器、汇流板等集中在一起构成的一组控制阀的集成，而每个阀的功能是彼此独立的。

　　以供料单元为例，供料单元用了两个二位五通的单电控电磁阀。这两个电磁阀带有手动换向和加锁钮，有锁定（LOCK）和开启（PUSH）2 个位置。用小螺丝刀把加锁钮旋到 LOCK 位置时，手控开关向下凹进去，不能进行手控操作。只有在 PUSH 位置，可用工具向下按，信号为"1"，等同于该侧的电磁信号为"1"；常态时，手控开关的信号为"0"。在进行设备调试时，可以使用手控开关对电磁阀进行控制，从而实现对相应气路的控制，以改变推料气缸等执行机构的控制，达到调试的目的。

　　两个电磁阀是集中安装在汇流板上的。汇流板中两个排气口末端均连接了消声器，消声器的作用是减少压缩空气在向大气排放时的噪声。这种将多个电磁阀与消声器、汇流板等集中在一起构成的一组控制阀的集成称为阀组，而每个电磁阀的功能是彼此独立的。电磁阀组的结构如图 2-20 所示。

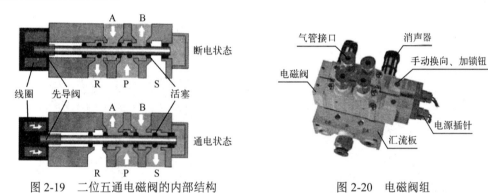

图 2-19 二位五通电磁阀的内部结构　　　　　图 2-20　电磁阀组

（3）压力控制阀

在 YL-335B 中使用到的压力控制阀主要有减压阀、溢流阀。

① 减压阀的作用是降低由空气压缩机来的压力，以适于每台气动设备的需要，并使这一部分压力保持稳定。图 2-21 所示是直动式减压阀。

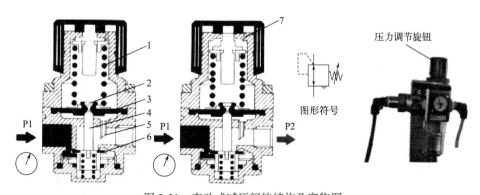

图 2-21　直动式减压阀的结构及实物图

1—调压弹簧；2—溢流阀；3—膜片；4—阀杆；5—反馈导杆；6—主阀；7—溢流口

② 溢流阀的作用是当系统压力超过调定值时，便自动排气，使系统的压力下降，以保证系统安全，故也称其为安全阀。图 2-22 所示是安全阀的工作原理图。

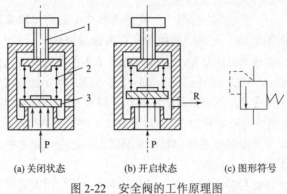

(a) 关闭状态　　　　(b) 开启状态　　　　(c) 图形符号

图 2-22　安全阀的工作原理图

1—旋钮；2—弹簧；3—活塞

（4）电磁阀的更换与安装

现有一电磁阀损坏了，需要更换一个电磁阀，做一做，看看电磁阀如何安装。

① 切断气源，用螺丝刀拆卸下已经损坏的电磁阀，如图 2-23 所示。

② 用螺丝刀将新的电磁阀装上，如图 2-24 所示。

图 2-23　已拆卸电磁阀的汇流板

图 2-24　安装电磁阀

③ 将电气控制接头插入电磁阀上，如图 2-25 所示。

④ 将气路管插入电磁阀上的快速接头，如图 2-26 所示。

⑤ 接通气源，用手控开关进行调试，检查气缸的动作情况。

图 2-25　连接电磁阀电路

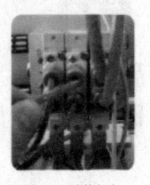

图 2-26　连接气路

学习环节四

项目准备

在项目实施之前，有必要对供料单元中所使用的材料和工具进行认真检查。供料单元的元件检查清单如表 2-1 所示。

表 2-1 供料单元元件检查清单

已观看供料单元的 FLASH 视频?		□是	□否
已观看供料单元的安装视频?		□是	□否
已观看供料单元的现场工作?		□是	□否
元件名称	规格	数量	好坏
光电开关			
磁性开关			
顶料气缸			
推料气缸			
电磁阀组			
PLC			

学习环节五

项目实施

一、训练要求

① 熟悉供料单元的功能及结构组成。
② 能够根据控制要求设计气动控制回路原理图，安装执行器件并进行调试。
③ 安装所使用的传感器并能调试。
④ 查明 PLC 各端口地址，根据要求编写程序和调试。
⑤ 能够进行供料单元的人机界面设计和调试。

二、任务分工

按照 3～5 名同学一组进行分配，每组选出组长 1 名，组长对小组任务进行分配，组员根据任务职责完成相关任务。任务分配表如表 2-2 所示。

表 2-2　任务分工表

序号	任务描述	组员
1	机械组件安装与调试	
2	气动回路连接与调试	
3	电气回路接线与调试	
4	程序编写与调试	
5	资料整理	

三、供料单元安装与调试工作计划

同学们可按照表 2-3 所示的工作计划表对供料单元的安装与调试进行记录。

表 2-3　工作计划表

步骤	内　　容	计划时间/h	实际时间/h	完成情况
1	整个练习的工作计划	0.25		
2	制订安装计划	0.25		
3	本单元任务描述和任务所需图纸与程序	1		
4	写材料清单和领料单	0.25		
5	机械部分安装与调试	1		
6	传感器安装与调试	0.25		
7	按照图纸进行电路安装	0.5		
8	气路安装	0.25		
9	气源与电源连接	0.25		
10	PLC 控制编程	1		
11	供料单元的人机界面设计	2		
12	按质量要求检查整个设备	0.25		
13	本单元各部分设备的通电、通气测试	0.25		
14	对老师发现和提出的问题进行回答	0.25		
15	输入程序，进行整个装置的功能调试	0.5		
16	如果必要，则排除故障	0.25		
17	该任务成绩的评估	0.5		

四、实施

1. 供料单元机械部分的安装与调试

（1）机械组件的组成

供料单元机械部分
的安装与调试

供料单元的机械组件包括铝合金型材支撑架组件、物料台及料仓底座组件、推料机构组件，如图 2-27 所示。

（2）机械组件的安装方法

机械组件的安装是供料单元的基础，在安装过程中应按照"零件-组件-组装"的顺序进行安装。用螺栓把装配好的组件连接为整体，再用橡胶锤把装料管敲入料仓底座中；然后在相应的位置上安装传感器（磁性开关、光电开关）；最后把电磁阀组件、PLC 组件和电气接线端子排组件安装在底板上。

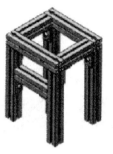

(a) 铝合金型材支撑架　　　　　(b) 物料台及料仓底座　　　　　(c) 推料机构

图 2-27　供料单元的机械组件

① 铝合金型材支撑架组件的安装方法　铝合金型材支撑架组件的安装示意图如图 2-28 所示。

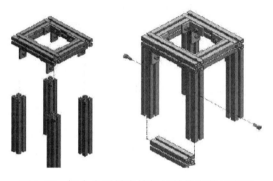

图 2-28　铝合金型材支撑架组件的安装示意图

a. 注意安装的顺序，以免先安装部分对后安装部分产生机械干涉，导致无法安装，从而因返工耽误装配的时间。

b. 一定要计算好铝合金型材支撑架各处所用螺母的个数，并在相应位置的 T 形槽内预先放置个数足够的螺母，否则将造成无法安装或安装不可靠。

c. 装配铝合金型材支撑架时，注意调整好各条边的平行度及垂直度，然后再旋紧螺母。

d. 铝合金型材支撑架上的螺栓一般是具有空间对称结构的成组螺栓，旋紧螺栓时一定要按照成组螺栓的"对角线"顺序进行装配，以免造成局部应力集中，时间长会影响铝合金型材的形状。

② 物料台及料仓底座组件的安装方法　物料台及料仓底座组件的安装示意图如图 2-29 所示。

安装时，需要注意出料口的方向向前且与挡料板方向一致，否则工作时物料无法推出甚至会破坏气缸；注意物料台及料仓底座的垂直度要求；注意连接螺栓的安装顺序。

③ 推料机构组件的安装方法　推料机构组件的安装示意图如图 2-30 所示。

安装时，需要注意出料口的方向向前且与挡料板方向一致，要手动调整推料气缸和挡料板位置螺栓，若位置不当将引起工件推偏。

2. 供料单元气动元件的安装与调试

（1）气动系统的组成

供料单元的气动系统主要包括气源、气动汇流板、气缸、单电控二位五通电磁换向阀、单向节流阀、消声器、快速接头、气管等，主要作用是完成顶料和工件推出。

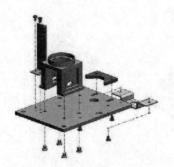

图 2-29 物料台及料仓底座组件的安装示意图

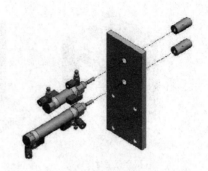

图 2-30 推料机构组件的安装示意图

供料单元的气动元件由两个双作用气缸组成，其中，1B1、1B2 为安装在顶料气缸上的 2 个位置检测传感器（磁性开关），2B1、2B2 为安装在推料气缸上的 2 个位置检测传感器（磁性开关）。单向节流阀用于气缸调速，气动汇流板用于组装单电控二位五通电磁换向阀及其附件。

(2) 气路控制原理图

供料单元的气路控制原理图如图 2-31 所示。图中，气源经汇流板分给 2 个换向阀的进气口，气缸 1A、2A 的两个工作口与电磁阀工作口之间均安装了单向节流阀，通过尾气节流阀来调整气缸伸出、缩回的速度。排气口安装的消声器可减小排气的噪声。

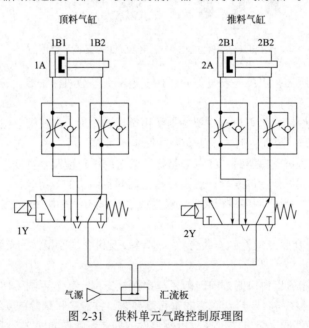

图 2-31 供料单元气路控制原理图

(3) 气路的连接方法

① 单向节流阀应安装在气缸的工作口上，并缠绕好密封带，以免运行时漏气。

② 单电控二位五通电磁换向阀的进气口和工作口应安装好快速接头，并缠绕好密封带，以免运行时漏气。

③ 气动汇流板的排气口应安装好消声器，并缠绕好密封带，以免运行时漏气。

④ 气动元件对应气口之间用塑料气管进行连接，做到安装美观，气管不交叉并保持气路

畅通。

（4）气路系统的调试方法

供料单元气路系统的调试主要是针对气缸的运行情况进行的，其调试方法是通过手动控制单向换向阀，观察气缸的动作情况：气缸运行过程中检查各管路的连接处是否有漏气现象，是否存在气管不畅通的现象。同时通过各单向节流阀的调整来获得稳定的气缸运行速度。

3. 供料单元传感器的安装与接线

（1）磁性开关的安装与接线

① 磁性开关的安装　供料单元中顶料气缸和推料气缸的非磁性体活塞上安装了一个永久磁铁的磁环，随着气缸的移动，在气缸的外壳上就提供了一个能反映气缸位置的磁场，安装在气缸外侧极限位置上的磁性开关可在气缸活塞移动时检测出其位置（磁性开关受到磁场的影响后输出点闭合信号）。磁性开关安装时，先将其套在气缸上并定位在极限位置，然后再旋紧紧固螺钉。

② 磁性开关的接线　磁性开关的输出为 2 线（棕色+，蓝色−），连接时蓝色线与直流电源的负极相连，棕色线与 PLC 的输入点相连。

（2）光电开关的安装与接线

① 光电开关的安装　供料单元中的光电开关主要用于出料检测、物料不足或没有物料时。安装时应注意其机械位置，特别是出料检测传感器安装时，应注意与工件中心透孔的位置错开，避免因光的穿透无反射信号而导致信号错误。

② 光电开关的接线　光电开关的输出为 3 线（棕色+，蓝色−，黑色输出），连接时棕色线与直流电源的正极相连，蓝色线与直流电源的负极相连，黑色线与 PLC 的输入点相连。

4. 供料单元 PLC 的安装与调试

（1）供料单元装置侧接线

供料单元装置侧接线，一是把供料单元各个传感器、电源线、0V 线按规定接至装置侧左边较宽的接线端子排，二是把供料单元电磁阀的信号线接至装置侧右边较窄的接线端子排。其信号线与端子排号如表 2-4 所示。

（2）供料单元 PLC 侧接线

PLC 侧接线包括电源接线、PLC 输入/输出端子的接线。PLC 侧接线端子排为双层两列端子，左边较窄的一列主要接 PLC 的输出接口，右边较宽的一列接 PLC 的输入接口。两列中的下层分别接 24V 电源端子和 0V 端子。供料单元 PLC 的 I/O 接线原理图如图 2-32 所示。

表 2-4　供料单元装置侧的接线端口信号端子的分配

输入端口			输出端口		
端子排号	设备符号	信号线	端子排号	设备符号	信号线
2	1B1	顶料到位	2	1Y	顶料电磁阀
3	1B2	顶料复位	3	2Y	推料电磁阀
4	2B1	推料到位			
5	2B2	推料复位			
6	B1	出料台物料检测			
7	B2	物料不足检测			
8	B3	物料有无检测			

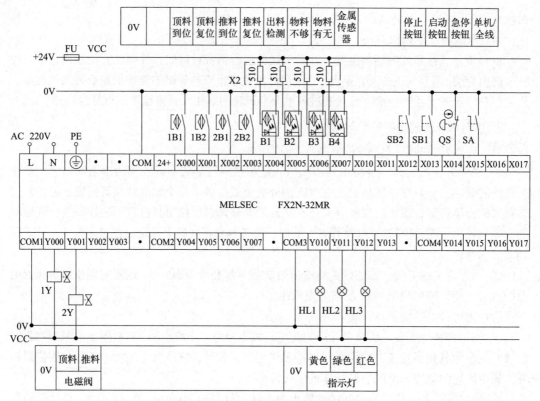

图 2-32　供料单元 PLC 的 I/O 接线原理图

5. 安装过程中应注意的问题

① 推料位置要手动调整推料气缸或者挡料板位置，调整后，再固定螺栓。否则，位置不到位会引起工件推偏。

② 装配铝合金型材支撑架时，注意调整好各条边的平行及垂直度，然后锁紧螺栓。

③ 机械机构固定在底板上的时候，需要将底板移动到操作台的边缘，螺栓从底板的反面拧入，将底板和机械机构部分的支撑型材连接起来。

④ 气缸安装板和铝合金型材支撑架的连接靠的是预先在特定位置的铝型材 "T" 形槽中放置与之相配的螺母，因此此在对该部分的铝合金型材进行连接时，一定要在相应的位置放置相应的螺母。如果没有放置螺母或没有放置足够多的螺母，将无法安装或安装不可靠。

⑤ 磁性开关的安装位置可以调整，调整方法是松开磁性开关的紧定螺栓，让它顺着气缸滑动。到达指定位置后，再旋紧紧定螺栓。注意：夹料气缸只要把工件夹紧即可，因此行程很短，它上面的 2 个磁性开关几乎靠在一起。如果磁性开关安装位置不当，会影响控制过程。

⑥ 底座和装料管安装的光电开关，若该部分机构内没有工件，光电开关上的指示灯不亮；若在底层起有 3 个工件，底层处光电开关亮，而第 4 层处光电开关不亮；若在底层起有 4 个工件或者以上，2 个光电开关都亮。否则调整光电开关位置或者光强度。

⑦ 物料台面开有小孔，物料台下面也设有一个光电开关，工作时向上发出光线，从而透过小孔检测是否有工件存在，以便向系统提供本单元物料台有无工件的信号。在输送单元的控制程序中，就可以利用该信号状态来判断是否需要驱动机械手装置来抓取此工件。

该光电开关选用圆柱形的光电接近开关（MHT15-N2317型）。注意：所用工件中心也有个小孔，调整传感器位置时，防止传感器发出的光线透过工件中心小孔而没有反射，从而引起误动作。

⑧ 所采用的电磁阀带手动换向、加锁钮，有锁定（LOCK）和开启（PUSH）2个位置。用小螺丝刀把加锁钮旋到LOCK位置时，手控开关向下凹进去，不能进行手控操作。只有在PUSH位置，可用工具向下按，信号为"1"，等同于该侧的电磁信号为"1"；常态时，手控开关的信号为"0"。在进行设备调试时，可以使用手控开关对阀进行控制，从而实现对相应气路的控制，以改变推料缸等执行机构的控制，从而达到调试目的。

⑨ 接线时应注意，装置侧接线端口中，输入信号端子的上层端子（+24V）只能作为传感器的正电源端，切勿用于电磁阀等执行元件的负载。电磁阀等执行元件的正电源端和0V端应连接到输出信号端子下层端子的相应端子上。装置侧接线完成后，应用扎带绑扎，力求整齐美观。

⑩ 电气接线的工艺应符合国家行业标准的规定，例如：导线连接到端子时，采用压紧端子压接方法；连接线须有符合规定的标号；每一端子连接的导线不超过2根等。

6. 供料单元PLC的编程与调试

（1）供料单元PLC的I/O分配表

根据供料单元装置侧的接线端口信号端子的分配（见表2-4）和工作任务的要求，PLC的I/O信号分配如表2-5所示。

表2-5　供料单元PLC的I/O信号表

输入信号				输出信号			
序号	PLC输入点	信号名称	信号来源	序号	PLC输出点	信号名称	信号来源
1	X000	顶料气缸伸出到位	装置侧	1	Y000	顶料电磁阀	装置侧
2	X001	顶料气缸缩回到位		2	Y001	推料电磁阀	
3	X002	推料气缸伸出到位		3	Y010	正常工作指示	按钮/指示灯模块
4	X003	推料气缸缩回到位		4	Y011	运行指示	
5	X004	出料台物料检测					
6	X005	供料不足检测					
7	X006	缺料检测					
8	X007	金属工件检测					
9	X012	停止按钮	按钮/指示灯模块				
10	X013	启动按钮					
11	X014	急停按钮（未用）					
12	X015	工作方式选择					

（2）编程思路

① 程序结构：程序由两部分组成，一部分是系统状态显示，另一部分是供料控制。主程序在每一扫描周期都调用系统状态显示子程序，仅当在运行状态已经建立才可能进入供料控制过程。

② PLC上电后应首先进入初始状态检查阶段，确认系统已经准备就绪后才允许投入运行，

这样可及时发现存在的问题，避免出现事故。例如，两个气缸在上电和气源接入时不在初始位置，这是气路连接错误的缘故，显然在这种情况下不允许系统投入运行。

③ 供料单元运行的主要过程是供料控制，它是一个步进顺序控制过程。其控制程序流程图如图 2-33 所示。

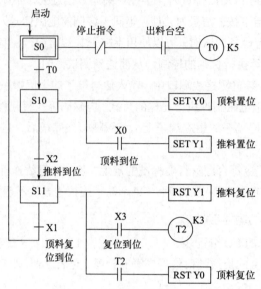

图 2-33　供料单元控制程序流程图

④ 如果没有停止要求，顺控过程将周而复始地不断循环。常见的顺序控制系统正常的停止要求是，接收到停止指令后，系统在完成本工作周期任务即返回到初始步后才复位运行状态停止下来。

⑤ 当料仓中最后一个工件被推出后，将发生缺料报警。推料气缸复位到位，即完成本工作周期任务返回到初始步后，也应退出运行状态而停止下来。与正常停止不同的是，发生缺料报警而退出运行状态后，必须向供料料仓加入足够的工件才能再按启动按钮使系统重新启动。

⑥ 系统的工作状态可通过在每一扫描周期调用"工作状态显示"子程序实现，工作状态包括：是否准备就绪、运行/停止状态、工件不足预报警、缺料报警等。

学习环节六

项目考核

根据现场各小组的讨论汇报情况、具体实施情况以及最后的结果，按照表 2-6 对本次任务进行客观评价并记录。

表 2-6 评分表

评分表	工作形式 □个人 □小组分工 □小组	实际工作时间	
训练项目	训练内容	训练要求	学生自评	教师评分
供料单元	1. 工作计划与图纸（20分） 工作计划 材料清单 气路图 电路图 程序清单	电路绘制有错误，每处扣 0.5 分；机械手装置运动的限位保护没有设置或绘制有错误，扣 1.5 分；主电路绘制有错误，每处扣 0.5 分；电路图形符号不规范，每处扣 0.5 分，最多扣 2 分		
	2. 部件安装与连接（20分）	装配未能完成，扣 2.5 分；装配完成，但有紧固件松动现象，扣 1 分		
	3. 连接工艺（20分） 电路连接工艺 气路连接工艺 机械安装及装配工艺	端子连接，插针压接不牢或超过 2 根导线，每处扣 0.5 分，端子连接处没有线号，每处扣 0.5 分，两项最多扣 3 分；电路接线没有绑扎或电路接线凌乱，扣 2 分；机械手装置运动的限位保护未接线或接线错误，扣 1.5 分；气路连接未完成或有错，每处扣 2 分；气路连接有漏气现象，每处扣 1 分；气缸节流阀调整不当，每处扣 1 分；气管没有绑扎或气路连接凌乱，扣 2 分		
	4. 测试与功能（30分） 顶料功能 推料功能 整个装置全面检测	启动/停止方式不按控制要求，扣 1 分；运行测试不满足要求，每处扣 0.5 分；工件送料测试，但推出位置明显偏差，每处扣 0.5 分		
	5. 职业素养与安全意识（10分）	现场操作安全保护符合安全操作规程；工具摆放、包装物品、导线线头等的处理符合职业岗位的要求；团队合作有分工、有合作，配合紧密；遵守纪律，尊重教师，爱惜设备和器材，保持工位的整洁		

❓ 课后思考题

1. 料仓中工件少于 4 个时，传感器提示报警，这如何在程序中反映？
2. 如何在程序中实现单循环、手动单步、全自动控制的转化？
3. 组态界面如何反映已完成的供料元件数量？金属物料有几个？

《供料单元的安装与调试》测试题

 拓展案例 强化职业素养，传承工匠精神

徐工集团大国工匠孟维——大国重器精密部件的"雕刻师"

孟维，男，1982 年 3 月生，徐州重型机械有限公司数控加工技能工艺师，享受国务院政府特殊津贴。参加工作 20 多年来，凭借着一股韧劲和百折不挠的毅力，他在数控机

床上不断磨炼技能、攻坚克难，破解了高强钢加工工艺、起重机核心零部件中心回转体加工等诸多难题，发明了 177 项先进的数控加工方法，9 次荣获全国 QC 成果一等奖，成为公司数控加工领域名副其实的带头人，更成为大国重器精密部件的"雕刻师"。

（1）从零起步

2002 年，孟维进入徐工重型，成为一名普通车床操作工。第二年，企业首次引进数控设备，作为车工尖子的他被调到数控岗位，成为厂里首批数控车工。

面对陌生的数控机床操作界面，孟维感到无从下手："我在心里暗下决心，一定要把数控加工技术学会、学深、学透、学精。"凭着一股韧劲，他从最基础的内容学起，一有空就站在机床前反复看，反复琢磨，硬是啃下了十几本厚厚的专业书籍。

从初具复杂零部件数控加工能力，到精通多种主流数控系统的程序编制，再到能独立调试、改进部分技术，一路走来，孟维成了数控机床加工和维修的"土专家"。

以前，起重机的核心零部件大多依赖进口，购买周期长、价格高昂，更面临"卡脖子"的风险。为此，孟维带领团队迎难而上，先后攻克了 6 种核心零部件生产技术难关，打破垄断，彻底摆脱了国外的技术掣肘。

（2）临危受命

2022 年 9 月 2 日，徐工 2600 吨级起重机问世，中国制造再次惊艳世界。而构成 2600 吨级起重机的核心零部件，均出自孟维及其团队之手。

当吊起 2600 吨级的物体时，产生的巨大拉力实际维系在起重机重载转接结构上。然而，根据设计图纸生产出的第一批产品，在极限试验中却屡次发生断裂。

孟维临危受命，担负起重载转接结构攻关难题。

在经过数十次的失败后，孟维发现关键问题出在了承重部件的一个异形螺纹上。精度没有达到要求，螺纹就发生断裂了。对此，孟维沉下心来，为异形螺纹专门研制了一套专用刀具，打造出的精度丝毫不差，成功通过极限测试。

这项关键技术的突破成就了徐工出品的"全球第一吊"。如今，卡塔尔世界杯体育场馆、马来西亚东海岸铁路、波黑伊沃维克风电项目……这些国外重大工程项目都用到了徐工重型的设备。

附：供料单元工作单

项目名称				供料单元的安装与调试				
姓名		学号		班级		小组		日期

一、资讯

1. 供料单元元件认知

元件		工作原理	问题
磁性开关			1. 作用：_____ 2. 种类：_____ 3. 如何接线?_____ 4. 注意事项：_____

漫反射式光电传感器			1. 作用：＿＿＿＿＿＿＿＿＿＿＿ 2. 蓝色接＿＿＿＿＿＿＿＿＿＿ 棕色接＿＿＿＿＿＿＿＿＿＿＿ 黑色接＿＿＿＿＿＿＿＿＿＿＿ 3. 接收端接收到信号＝ A. 有物件　　B. 无物件
双作用气缸	活塞杆伸出 排气　　　　进气		与单作用气缸相比，双作用气缸具有什么样的优点？
二位五通电磁阀组	气管接口　　　消声器 电磁阀　　手动换向、加锁钮 电源插针 汇流板		1. 电磁阀 1Y1 得电，推料气缸＿＿＿ 　　电磁阀 1Y1 失电，推料气缸＿＿＿ 2. 电磁阀 2Y1 得电，顶料气缸＿＿＿ 　　电磁阀 2Y1 失电，顶料气缸＿＿＿ 3. 电磁阀组是如何和气缸搭配工作的？推料气缸和顶料气缸的初始状态分别是什么？

2. 安全操作规范

	安全操作规范	不规范的后果
气路操作	1. 气路连接完成、无错 2. 气路连接无漏气现象 3. 气管气缸节流阀调整合理、恰当 4. 气管有绑扎、气路连接规范	
电气操作	1. 端子连接、插针压接质量好，同一端子不超过 2 根导线，端子连接处有线号等 2. 电路图形符号规范 3. 电路接线有绑扎，电路接线不凌乱、条理、美观 4. 传感器接线正确	
设备操作	1. 装配完成，无紧固件松动现象 2. 推料/顶料气缸活塞杆返回时没有被卡住	
安全操作	1. 接线后，对照接线图检查完一遍，确认无差错后再上电 2. 设备要接地，强电要过载保护	
职业素养	1. 工具、元件、电线摆放合理 2. 线头、纸屑、灰尘打扫干净	

二、决策

按照 3～5 名同学一组进行分配，每组选出组长 1 名，组长对小组任务进行分配，组员根据任务职责完成相关任务。任务分配表如表 1 所示。

表 1　任务分工表

序号	任务描述	组员
1	机械组件安装与调试	
2	气动回路连接与调试	
3	电气回路接线与调试	
4	程序编写与调试	
5	资料整理	

三、计划

按照表 2 所示的工作计划表对供料单元的安装与调试进行记录。

表2 工作计划表

步骤	内　容	计划时间/h	实际时间/h	完成情况
1	整个练习的工作计划	0.25		
2	制订安装计划	0.25		
3	本单元任务描述和任务所需图纸与程序	1		
4	写材料清单和领料单	0.25		
5	机械部分安装与调试	1		
6	传感器安装与调试	0.25		
7	按照图纸进行电路安装	0.5		
8	气路安装	0.25		
9	气源与电源连接	0.25		
10	PLC 控制编程	1		
11	供料单元的人机界面设计	2		
12	按质量要求检查整个设备	0.25		
13	本单元各部分设备的通电、通气测试	0.25		
14	对老师发现和提出的问题进行回答	0.25		
15	输入程序，进行整个装置的功能调试	0.5		
16	如果必要，则排除故障	0.25		
17	该任务成绩的评估	0.5		

四、实施

1. 准备

在项目实施之前，有必要对供料单元中所使用的材料和工具进行认真检查。供料单元的元件检查清单如表3所示。

表3　供料单元元件检查清单

是否观看供料单元的 FLASH 视频?		□是	□否
是否观看供料单元的安装视频?		□是	□否
是否观看供料单元的工作现场?		□是	□否
元件名称	规格	数量	好坏
光电开关			
磁性开关			
顶料气缸			
推料气缸			
电磁阀组			
PLC			

2. 机械组装

按照下图所示组装顺序完成供料单元机械部分的安装，并填写安装调试工作单（表4）。

(a)落料支撑架安装　　　(b)物料台及料仓底座安装　　　(c)推料机构安装

(d)整体组装

供料单元机械安装的注意事项：

（1）装配铝合金型材支撑架时，注意调整好各条边的平行及垂直度，锁紧螺栓。

（2）气缸安装板和铝合金型材支撑架的连接靠的是预先在特定位置的铝型材"T"形槽中放置与之相配的螺母，因此在对该部分的铝合金型材进行连接时，一定要在相应的位置放置相应的螺母。如果没有放置螺母或没有放置足够多的螺母，将造成无法安装或安装不可靠。

（3）机械机构固定在底板上的时候，需要将底板移动到操作台的边缘，螺栓从底板的反面放入，将底板和机械机构部分的支撑型材连接起来。

表4　供料单元机械安装调试工作单

安装步骤	计划时间	实际时间	工具	是否返工，返工原因及解决方法
落料支撑架的安装				
物料台及料仓的安装				
推料机构的安装				
传感器的安装				
电磁阀的安装				
整体安装				
调试过程	工件是否推偏： 原因及解决方法：	□是　　　□否		
	气缸推出是否顺利： 原因及解决方法：	□是　　　□否		
	气路是否能正常换向： 原因及解决方法：	□是　　　□否		
	其他故障及解决方法：			

3. 气路连接

（1）按照如下供料单元的气动回路图连接气路。

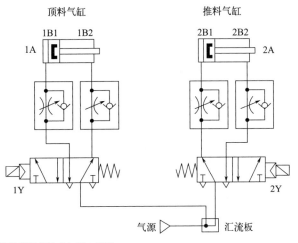

顶料气缸　　　　　　推料气缸

（2）供料单元气动回路连接初态检查如表5所示。

表5　供料单元气路安装与调试工作单

调试内容	是	否	不正确的原因
气路连接是否有漏气现象			
顶料气缸伸出是否顺畅			
顶料气缸缩回是否顺畅			
推料气缸伸出是否顺畅			
推料气缸缩回是否顺畅			

4. 电气设计

（1）完成供料单元 PLC 的 I/O 分配，填入表 6。

表6　供料单元 PLC 的 I/O 分配表

输入信号				输出信号			
序号	PLC 输入点	信号名称	信号来源	序号	PLC 输出点	信号名称	信号来源
1	X0	顶料气缸伸出到位	装置侧	1	Y0	顶料电磁阀	装置侧
2	X1	顶料气缸缩回到位		2	Y1	推料电磁阀	
3	X2	推料气缸伸出到位		3	Y10	正常工作指示	按钮/指示灯模块
4	X3	推料气缸缩回到位		4	Y11	运行指示	
5	X4	出料台物料检测					
6	X5	供料不足检测					
7	X6	缺料检测					
8	X7	金属工件检测					
9	X12	停止按钮	按钮/指示灯模块				
10	X13	启动按钮					
11	X14	急停按钮（未用）					
12	X15	工作方式选择					

（2）绘制 PLC 电气接线原理图（另附绘图纸），完成电气部分调试工作单（表7）。

表7　供料单元电气线路调试工作单

调试内容	正确	错误	原因
物料台信号检测			
料仓有无信号检测			
物料充足检测			
金属物料检测			
顶料气缸伸出到位检测			
顶料气缸缩回到位检测			
推料气缸伸出到位检测			
推料气缸缩回到位检测			

5. 编写 PLC 程序，并调试

（1）控制要求。

工作站的主令信号和工作状态显示信号来自控制模块，它由 PLC、启动/停止按钮、急停按钮、状态指示灯组成，工作方式选择开关 SA（信号 X15）应置于"单站方式"位置。具体控制要求如下：

① 设备上电和气源接通后，若工作单元的两个气缸均处于缩回位置，且料仓内有足够的待加工工件，则"正常工作"指示灯 HL1 常亮，表示设备准备好。否则，该指示灯以 1Hz 的频率闪烁。

② 若设备准备好，按下启动按钮，工作单元启动，"设备运行"指示灯 HL2 常亮。启动后，若出料台上没有工件，则应把工件推到出料台上。出料台上的工件被人工取出后，若没有停止信号，则进行下一次推出工件操作。

③ 若在运行中按下停止按钮，则在完成本工作周期任务后，各工作单元停止工作，HL2 指示灯熄灭。

④ 若在运行中料仓内工件不足，则工作单元继续工作，但"正常工作"指示灯 HL1 以 1Hz 的频率闪烁，"设备运行"指示灯 HL2 保持常亮。若料仓内没有工件，则 HL1 指示灯和 HL2 指示灯均以 2Hz 的频率闪烁。工作站在完成本周期任务后停止。除非向料仓补充足够的工件，否则工作站不能再启动。

（2）在下载、运行程序前，必须认真检查程序。

在调试编程之前先要检查供料单元的初始状态是否满足要求，完成供料单元初态调试工作单（表8）。

表8　供料单元初态调试工作单

	调试内容	是	否	原因
1	顶料气缸是否处于缩回状态			
2	推料气缸是否处于缩回状态			
3	物料仓内物料是否充足			
4	HL1 指示灯状态是否正常			
5	HL2 指示灯状态是否正常			

（3）下载程序，完成运行状态功能调试（表9）。

表9　供料单元运行状态调试工作单

		启动按钮按下后			
		调试内容	是	否	原因
1		HL1 指示灯是否点亮			
2		HL2 指示灯是否常亮			
3	物料台有料时	顶料气缸是否动作			
		推料气缸是否动作			
4	物料台无料时	顶料气缸是否动作			
		推料气缸是否动作			
5	物料仓内物料不足时	HL1 灯是否闪烁，1Hz			
		指示灯 HL2 保持常亮			
6	料仓内没有工件时	HL1 是否闪烁，2Hz			
		HL1 是否闪烁，2Hz			
7		料仓没有工件时，供料动作是否继续			
		停止按钮按下后			
1		HL1 指示灯是否常亮			
2		HL2 指示灯是否熄灭			
3		工作状态是否正常			

五、检查、评价

根据现场各小组的讨论汇报情况、具体实施情况以及最后的结果，按照表10对本次任务进行客观评价并记录。

表10　评分表

评分表		工作形式 □个人 □小组分工 □小组	实际工作时间	
训练项目	训练内容	训练要求	学生自评	教师评分
供料单元	1. 工作计划与图纸（20分） 工作计划 材料清单 气路图 电路图 程序清单	电路绘制有错误，每处扣 0.5 分；机械手装置运动的限位保护没有设置或绘制有错误，扣 1.5 分；主电路绘制有错误，每处扣 0.5 分；电路图形符号不规范，每处扣 0.5 分，最多扣 2 分		
	2. 部件安装与连接（20分）	装配未能完成，扣 2.5 分；装配完成，但有紧固件松动现象，扣 1 分		
	3. 连接工艺（20分） 电路连接工艺 气路连接工艺 机械安装及装配工艺	端子连接，插针压接不牢或超过 2 根导线，每处扣 0.5 分，端子连接处没有线号，每处扣 0.5 分，两项最多扣 3 分；电路接线没有绑扎或电路接线凌乱，扣 2 分；机械手装置运动的限位保护未接线或接线错误，扣 1.5 分；气路连接未完成或有错，每处扣 2 分；气路连接有漏气现象，每处扣 1 分；气缸节流阀调整不当，每处扣 1 分；气管没有绑扎或气路连接凌乱，扣 2 分		
	4. 测试与功能（30分） 顶料功能 推料功能 整个装置全面检测	启动/停止方式不按控制要求，扣 1 分；运行测试不满足要求，每处扣 0.5 分；工件送料测试，但推出位置明显偏差，每处扣 0.5 分		
	5. 职业素养与安全意识（10分）	现场操作安全保护符合安全操作规程；工具摆放、包装物品、导线线头等的处理符合职业岗位的要求；团队合作有分工、有合作，配合紧密；遵守纪律，尊重教师，爱惜设备和器材，保持工位的整洁		

项目三

加工单元的安装与调试

知识目标

① 掌握加工单元的工作过程。

② 掌握薄型气缸、气动手指的功能和特点，进一步训练气路连接和调整的能力。

③ 掌握生产线中磁性开关、光电开关等传感器的结构、特点及电气接口特性，能进行各传感器在自动化生产线中的安装和调试。

④ 掌握步进顺序控制指令的编程方法。

能力目标

① 能够独立完成加工单元机械部件的组装。

② 能够正确绘制加工单元的气动控制原理图，并正确安装气动控制回路。

③ 能够正确设计电气接线图，并正确连接。

④ 能够正确编写加工单元 PLC 控制程序，并学会调试程序。

⑤ 能够解决安装与运行过程中出现的常见问题。

思政素质目标

① 传承严谨细致、追求卓越的工匠精神。

② 养成吃苦耐劳、耐心细致的精神。

③ 养成敬业、精业、勤业、乐业的职业素养与道德。

④ 提高团结协作进行生产线安装调试的能力。

⑤ 提高自我提升及循序渐进学习的能力。

📚 学习环节一

项目任务书

学习领域	自动化生产线的安装与调试		
学习项目	项目三　加工单元的安装与调试		
学习小组	第　　组		
工作过程描述	① 初始状态：设备上电和气源接通后，滑动加工台伸缩气缸处于伸出位置，加工台气动手爪处于松开的状态，冲压气缸处于缩回位置，急停按钮没有按下。若设备在上述初始状态，则"正常工作"，指示灯 HL1 常亮，表示设备准备好。否则，该指示灯以 1Hz 的频率闪烁。 ② 若设备准备好，按下启动按钮，设备启动，"设备运行"指示灯 HL2 常亮。当待加工工件送到加工台上并被检出后，设备执行将工件夹紧，送往加工区域冲压，完成冲压动作后返回待料位置的工件加工工序。如果没有停止信号输入，当再有待加工工件送到加工台上时，加工单元又开始下一周期工作。 ③ 在工作过程中，若按下停止按钮，加工单元在完成本周期的动作后停止工作，HL2 指示灯熄灭。当急停按钮被按下时，本单元所有机构应立即停止运行，HL2 指示灯以 1Hz 的频率闪烁。急停解除后，从急停前的断点开始继续运行，HL2 恢复常亮		
教学和学习资源	学习资料	学习软件	实训设备
	教材、实训手册、任务书、工作单、课程网站	GX-Developer-8.86/MCGS 安装包_7.7.1.1_V1.4	自动化生产线的安装与调试实训室
教学组织	分组教学，一组 3～5 人，团队合作		
学习流程	加工单元的元件认知 → 安全操作规范的熟悉 → 分解加工的工作过程 → 加工单元的设备安装 → 气路设计与连线调试 → 电路设计与接线调试 → 程序编制与系统调试 → 整理工作台		

学习过程	六步法	学生活动	教师活动
	资讯	确定项目负责人，接受任务，观看 FLASH 动画课件、视频以及整个过程动作，分组讨论，查阅相关资料，准确描述整个加工单元的工作过程	提出工作任务，明确控制要求，负责对加工单元的工作过程进行归纳，然后分发任务书
	决策、计划	设计计划，项目计划符合目标要求，讨论方案的可行性，是否符合操作规范，最终确定工作计划。形成计划书一份	对学生给予实时的指导与评价，与学生交流发挥咨询者和协调人的作用
	实施	按照学习流程图开展顺序合理分工，逐项完成子任务，最后合作完成系统工作。形成过程监控记录一份	引导学生完成元器件的选型、电气线路的安全检查，加强与学生的交流，监控每个团队的工作进程，设置故障，激发学生思考，做好咨询者角色
	检查、评价	展示成果，各小组对工作完成情况进行自评，并开展互评，取长补短，优化方案。同时根据工作记录写出工作总结，做 PPT 进行汇报	经常向学生了解情况，听取学生的反馈信息，在项目的进展过程中做好记录，在项目结束时进行评价

提交材料	加工单元电气接线图一份、加工单元气动回路控制图一份、加工单元 PLC 编程 I/O 分配表一份、加工单元 PLC 程序一份、汇报 PPT 一份
考核要点	机械安装牢固可靠、电气接线无松动、电气图纸绘制标准、加工单元动作正确无误。软件的使用：上传、下载、运行、通信设置、I/O 地址分配、硬件接线、程序的编写、调试
考核方式	小组的自我评价、教师对小组的评价、教师对个人的评价

学习环节二

认识加工单元

一、加工单元的功能

加工单元的功能是完成把待加工工件在加工台夹紧，并移送到加工区域冲压气缸的正下方，对工件进行冲压加工，然后把加工好的工件重新送出的过程。

二、加工单元的结构

加工单元装置的主要结构组成为：加工台及滑动机构、加工（冲压）机构、电磁阀组、接线端口、底板等。加工单元的结构如图 3-1 所示。

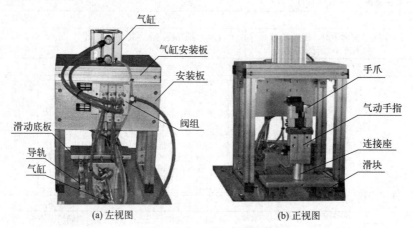

图 3-1　加工单元的结构

（1）加工台及滑动机构

加工台及滑动机构如图 3-2 所示。加工台用于固定被加工件，并把工件移到加工（冲压）机构正下方进行冲压加工。它主要由气爪（气动手指）、加工台伸缩气缸、直线导轨及滑块、磁性开关、漫射式光电开关组成。

滑动加工台的工作原理：滑动加工台在系统正常工作后的初始状态为伸缩气缸伸出、加工台气动手指张开的状态，当输送机构把物料送到料台上，物料检测传感器检测到工件后，PLC 控制程序按驱动气动手指将工件夹紧-加工台回到加工区域冲压气缸下方-冲压气缸塞杆向下伸出冲压工件-完成冲压动作后向上缩回-加工台重新伸出-到位后气动手指松开的顺序完成工件加工，并向系统发出加工完成信号，为下一次工件到来加工做准备。

在移动料台上安装一个漫射式光电开关。若加工台上没有工件，则漫射式光电开关均处于常态；若加工台上有工件，则光电开关动作，表明加工台上已有工件。该光电开关的输出信号送到加工单元 PLC 的输入端，用以判别加工台上是否有工件需进行加工；当加工过程结束后，加工台伸出到初始位置。同时，PLC 通过通信网络把加工完成信号回馈给系统，以协调控制。

移动料台上的漫射式光电开关选用 CX-441型光电开关。移动料台伸出和返回到位的位置是通过调整伸缩气缸上两个磁性开关（电磁阀组）的位置来定位的。要求缩回位置位于加工冲压头正下方；伸出位置应与输送单元的抓取机械手装置配合，确保输送单元的抓取机械手能顺利地把待加工工件放到料台上。

（2）加工（冲压）机构

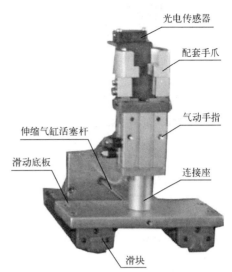

图 3-2 加工台及滑动机构

加工（冲压）机构如图 3-3 所示。加工机构用于对工件进行冲压加工。它主要由冲压气缸、冲压头、安装板等组成。

冲压台的工作原理：当工件到达冲压位置时，伸缩气缸活塞杆缩回到位，冲压气缸伸出对工件进行加工，完成加工动作后冲压气缸缩回，为下一次冲压做准备。

冲压头根据工件的要求对工件进行冲压加工，冲压头安装在冲压气缸头部。安装板用于安装冲压气缸，对冲压气缸进行固定。

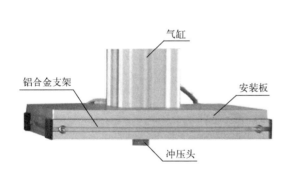

图 3-3 加工（冲压）机构

图 3-4 电磁阀组

（3）电磁阀组

加工单元的手爪气缸、物料台伸缩气缸和冲压气缸均用三个二位五通的带手控开关的单电控电磁阀控制，三个控制阀集中安装在装有消声器的汇流板上，如图 3-4 所示。

这三个阀分别对冲压气缸、物料台手爪气缸和物料台伸缩气缸的气路进行控制，以改变各自的动作状态。

电磁阀所带手控开关有锁定（LOCK）和开启（PUSH）2 种位置。在进行设备调试时，使手控开关处于开启位置，可以使用手控开关对阀进行控制，从而实现对相应气路的控制，以改变冲压气缸等执行机构的控制，达到调试的目的。

三、加工单元的工作过程

① 初始状态：设备上电和气源接通后，滑动加工台伸缩气缸处于伸出位置，加工台气动手指处于松开的状态，冲压气缸处于缩回位置，急停按钮没有按下。若设备在上述初始状态，则"正常工作"，指示灯 HL1 常亮，表示设备准备好。否则，该指示灯以 1Hz 的频率闪烁。

加工单元的工作
过程描述

② 若设备准备好，按下启动按钮，设备启动，"设备运行"指示灯 HL2 常亮。当待加工工件送到加工台上并被检出后，设备执行将工件夹紧，送往加工区域冲压，完成冲压动作后返回待料位置的工件加工工序。如果没有停止信号输入，当再有待加工工件送到加工台上时，加工单元又开始下一周期的工作。

③ 在工作过程中，若按下停止按钮，加工单元在完成本周期的动作后停止工作。HL2 指示灯熄灭。当急停按钮被按下时，本单元所有机构应立即停止运行，HL2 指示灯以 1Hz 的频率闪烁。急停解除后，从急停前的断点开始继续运行，HL2 恢复常亮。

📚 学习环节三

相关知识讲解

一、加工单元的传感器

加工单元中所使用的光电开关和磁性开关传感器与供料单元一致，这里不再复述。

二、加工单元的气动元件

在加工单元中，气动执行元件除了标准气缸外，还有薄型气缸和气动手指。

（1）薄型气缸

薄型气缸属于节省空间气缸类，即气缸的轴向或径向尺寸比标准气缸有显著减小的气缸，它具有结构紧凑、重量轻、占用空间小等优点。图 3-5 所示是薄型气缸的外观图和剖视图。

薄型气缸的特点：缸筒与无杆侧端盖压铸成一体，杆盖用弹性挡圈固定，缸体为方形。这种气缸通常用于固定夹具和搬运中固定工件等。在 YL-335B 的加工单元中，薄型气缸用于冲压，这主要是考虑到这种气缸行程短的特点。

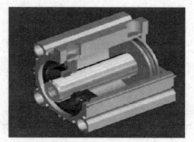

(a) 薄型气缸的外观图　　　　　(b) 工作原理剖视图

图 3-5　薄型气缸的外观图与剖视图

（2）气动手指

气动手指用于抓取、夹紧工件，通常有滑动导轨型、支点开闭型和回转驱动型等形式。YL-335B 的加工单元所使用的是滑动导轨型气动手指，如图 3-6（a）所示。其工作过程可从图 3-6（b）和（c）中看出。

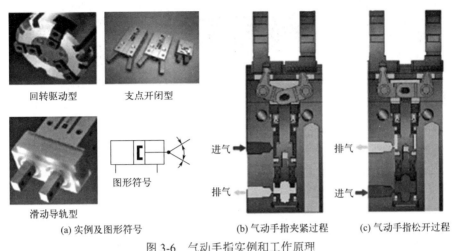

回转驱动型　　支点开闭型

图形符号

滑动导轨型
(a) 实例及图形符号　　　　　(b) 气动手指夹紧过程　　(c) 气动手指松开过程

进气　排气

排气　进气

图 3-6　气动手指实例和工作原理

学习环节四

项目准备

在项目实施之前，有必要对加工单元中所使用的材料和工具进行认真检查。加工单元的元件检查清单如表 3-1 所示。

表 3-1　加工单元元件检查清单

已观看加工单元的 FLASH 视频?		□是	□否
已观看加工单元的安装视频?		□是	□否
已观看加工单元的现场工作?		□是	□否
元件名称	规格	数量	好坏
光电开关			
磁性开关			
加工台伸缩气缸			
冲压气缸			
气动手指			
电磁阀组			
PLC			

学习环节五

项目实施

一、训练要求

① 熟悉加工单元的功能及结构组成。

② 能够根据控制要求设计气动控制回路原理图，安装执行器件并进行调试。

③ 安装所使用的传感器并能调试。

④ 查明 PLC 各端口地址，根据要求编写程序和调试。

⑤ 能够进行加工单元的人机界面设计和调试。

二、任务分工

按照 3～5 名同学一组进行分配，每组选出组长 1 名，组长对小组任务进行分配，组员根据任务职责完成相关任务。任务分配表如表 3-2 所示。

表 3-2　任务分工表

序号	任务描述	组员
1	机械组件安装与调试	
2	气动回路连接与调试	
3	电气回路接线与调试	
4	程序编写与调试	
5	资料整理	

三、加工单元安装与调试工作计划

同学们可按照表 3-3 所示的工作计划表对加工单元的安装与调试进行记录。

表 3-3　工作计划表

步骤	内　容	计划时间/h	实际时间/h	完成情况
1	整个练习的工作计划	0.25		
2	制订安装计划	0.25		
3	本单元任务描述和任务所需图纸与程序	1		
4	写材料清单和领料单	0.25		
5	机械部分安装与调试	1		
6	传感器安装与调试	0.25		
7	按照图纸进行电路安装	0.5		
8	气路安装	0.25		

续表

步骤	内　　容	计划时间/h	实际时间/h	完成情况
9	气源与电源连接	0.25		
10	PLC 控制编程	1		
11	加工单元的人机界面设计	2		
12	按质量要求检查整个设备	0.25		
13	本单元各部分设备的通电、通气测试	0.25		
14	对老师发现和提出的问题进行回答	0.25		
15	输入程序,进行整个装置的功能调试	0.5		
16	如果必要,则排除故障	0.25		
17	该任务成绩的评估	0.5		

四、实施

1. 加工单元机械部分的安装与调试

(1) 机械组件的组成

加工单元的机械组件包括加工台及滑动机构、加工(冲压)机构和底板等。加工单元的整体结构除了机械组件之外,还有一些配合机械动作的气动元件和传感器。

(2) 机械组件的安装方法

加工单元机械部分的装配过程包括两部分,一是加工机构组件的装配,二是滑动加工台组件的装配。然后进行总装。

① 加工机构组件的安装方法　加工机构组件的装配图如图 3-7 所示。

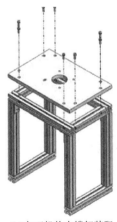
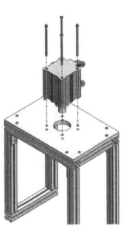

加工单元机械部分
的安装与调试

　(a) 加工机构支撑架装配　　　(b) 冲压气缸及冲压头装配　(c) 冲压气缸安装到支撑架上

图 3-7　加工机构组件装配图

② 滑动加工台组件的安装方法　滑动加工台组件的装配图如图 3-8 所示。

③ 加工单元的安装方法　在完成以上两部分组件的装配后,首先将物料夹紧,然后将运动送料部分和整个安装底板连接固定,再将铝合金支撑架安装在大底板上,最后将加工组件部分固定在铝合金支撑架上,进而完成加工单元的装配,如图 3-9 所示。

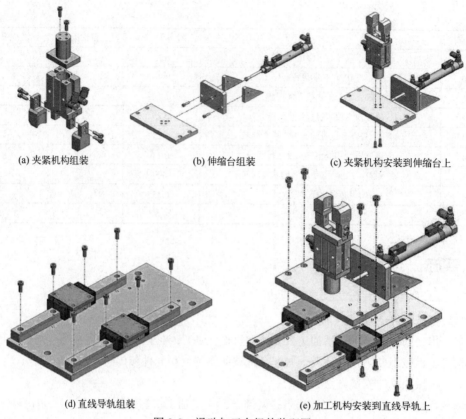

(a) 夹紧机构组装 (b) 伸缩台组装 (c) 夹紧机构安装到伸缩台上

(d) 直线导轨组装 (e) 加工机构安装到直线导轨上

图 3-8　滑动加工台组件装配图

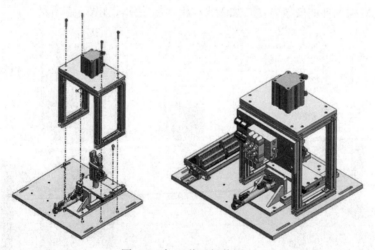

图 3-9　加工单元组装图

2. 加工单元气动元件的安装与调试

（1）气动系统的组成

加工单元的气动系统主要包括气源、气动汇流板、气缸、气动手指、单电控二位五通电磁换向阀、单向节流阀、消声器、快速接头、气管等，主要作用是完成工件的夹紧和放松、加工台伸出和缩回、冲压气缸的冲压和抬起。

加工单元的气动执行元件由两个双作用气缸和 1 个气动手指组成，其中，1B1、1B2 为安装在冲压气缸上的 2 个位置检测传感器（磁性开关），2B1、2B2 为安装在加工台伸缩气缸上的 2 个位置检测传感器（磁性开关），3B1、3B2 为安装在气动手指上的 2 个位置检测传感器（磁性开关）。单向节流阀用于气缸和气动手指调速，气动汇流板用于组装单电控二位五通电磁换向阀及其附件。

（2）气路控制原理图

加工单元的气路控制原理图如图 3-10 所示。图中，气源经汇流板分给 3 个换向阀的进气口，气缸 1A、2A、3A 的两个工作口与电磁阀工作口之间均安装了单向节流阀，通过尾气节流阀来调整气缸冲压和返回、伸出和缩回、气动手指夹紧和放松的速度。排气口安装的消声器可减小排气的噪声。

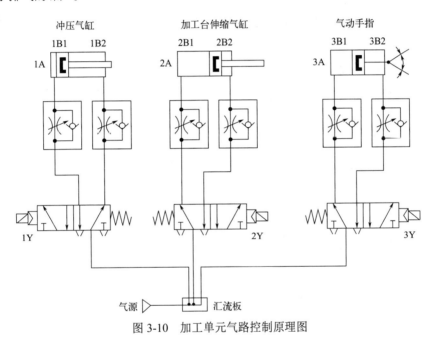

图 3-10　加工单元气路控制原理图

（3）气路的连接方法

① 单向节流阀应安装在气缸的工作口上，并缠绕好密封带，以免运行时漏气。

② 单电控二位五通电磁换向阀的进气口和工作口应安装好快速接头，并缠绕好密封带，以免运行时漏气。

③ 气动汇流板的排气口应安装好消声器，并缠绕好密封带，以免运行时漏气。

④ 气动元件对应气口之间用塑料气管进行连接，做到安装美观，气管不交叉并保持气路畅通。

（4）气路系统的调试方法

加工单元气路系统的调试主要是针对气动执行元件的运行情况进行的，其调试方法是通过手动控制单向换向阀，观察气动执行元件的动作情况：气动执行元件运行过程中检查各管路的连接处是否有漏气现象，是否存在气管不畅通的现象。同时通过各单向节流阀的调整来获得稳定的气动执行元件运行速度。

3. 加工单元传感器的安装与接线

（1）磁性开关的安装与接线

① 磁性开关的安装　加工单元设计了 3 个气动执行元件，即冲压气缸、加工台伸缩气缸和气动手指，分别由 5 个磁性开关作为气动执行元件的极限位置检测元件。磁性开关的安装方法与供料单元中磁性开关的安装方法相同。

② 磁性开关的接线　磁性开关的输出为 2 线（棕色+，蓝色−），连接时蓝色线与直流电源的负极相连，棕色线与 PLC 的输入点相连。

（2）光电开关的安装与接线

① 光电开关的安装　加工单元中的光电开关主要用于加工台物料检测，光电开关的安装与供料单元中光电开关的安装方法相同。

② 光电开关的接线　光电开关的输出为 3 线（棕色+，蓝色−，黑色输出），连接时棕色线与直流电源的正极相连，蓝色线与直流电源的负极相连，黑色线与 PLC 的输入点相连。

4. 加工单元 PLC 的安装与调试

（1）加工单元装置侧接线

加工单元装置侧接线，一是把加工单元各个传感器、电源线、0V 线按规定接至装置侧左边较宽的接线端子排，二是把加工单元电磁阀的信号线接至装置侧右边较窄的接线端子排。其信号线与端子排号如表 3-4 所示。

表 3-4　加工单元装置侧的接线端口信号端子的分配

输入端口			输出端口		
端子排号	设备符号	信 号 线	端子排号	设备符号	信 号 线
2	SC1	加工台物料检测	2	1Y	夹紧电磁阀
3	1B	工件夹紧检测	3		
4	2B1	加工台伸出到位	4	2Y	伸缩电磁阀
5	2B2	加工台缩回到位	5	3Y	冲压电磁阀
6	3B1	加工冲压头上限			
7	3B2	加工冲压头下限			

（2）加工单元 PLC 侧接线

PLC 侧接线包括电源接线、PLC 输入/输出端子的接线。PLC 侧接线端子排为双层两列端子，左边较窄的一列主要接 PLC 的输出接口，右边较宽的一列接 PLC 的输入接口。两列中的下层分别接 24V 电源端子和 0V 端子。加工单元 PLC 的 I/O 接线原理图如图 3-11 所示。

5. 安装过程中应注意的问题

① 调整两直线导轨的平行时，要一边移动安装在两导轨上的安装板，一边拧紧固定导轨的螺栓。

② 如果加工组件部分的冲压头和加工台上的工件中心没有对正，可以通过调整推料气缸旋入两导轨连接板的深度来进行对正。

③ 注意电磁阀工作口与执行元件工作口的连接要正确，以免产生相反的动作而影响正常操作。

④ 气管与快速接头拔时，按压快速接头伸缩件用力要均匀，避免硬拉而造成接头损坏。

⑤ 气路系统安装完毕后应注意气缸和气动手指的初始位置，位置不对时应按照气路图进行调整。

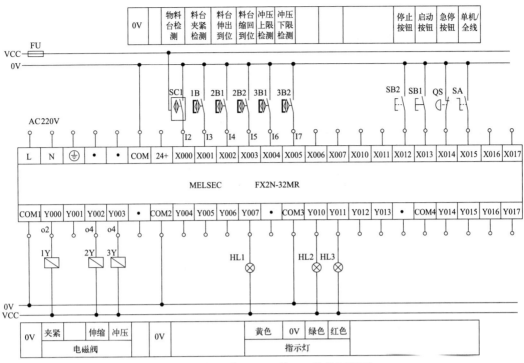

图 3-11 加工单元 PLC 的 I/O 接线原理图

6. 加工单元 PLC 的编程与调试

(1) 加工单元 PLC 的 I/O 分配表

根据加工单元装置侧的接线端口信号端子的分配（见表 3-4）和工作任务的要求，PLC 的 I/O 信号分配如表 3-5 所示。

表 3-5 加工单元 PLC 的 I/O 信号表

输入信号				输出信号			
序号	PLC 输入点	信号名称	信号来源	序号	PLC 输出点	信号名称	信号来源
1	X000	加工台物料检测	装置侧	1	Y000	夹紧电磁阀	装置侧
2	X001	工件夹紧检测		2	Y001	料台伸缩电磁阀	
3	X002	加工台伸出到位		3	Y002	加工冲压头电磁阀	
4	X003	加工台缩回到位		4	Y003		
5	X004	加工冲压头上限		5	Y004		
6	X005	加工冲压头下限		6	Y005		
7	X006			7	Y006		
8	X007			8	Y007		
9	X010			9	Y010	正常工作指示	按钮/指示灯模块
10	X011			10	Y011	运行指示	
11	X012	停止按钮	按钮/指示灯模块				
12	X013	启动按钮					
13	X014	急停按钮					
14	X015	单站/全线					

(2) 编程思路

加工单元也采用顺序控制过程。其控制程序流程图如图 3-12 所示。

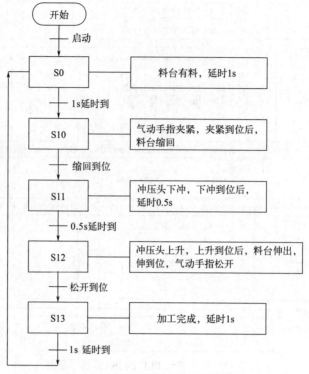

图 3-12 加工单元控制程序流程图

整个程序的结构包括主程序、加工控制子程序和状态显示子程序。主程序是一个周期循环扫描的程序。通电后先进行初态检查，即检查伸缩气缸、夹紧气缸、冲压气缸是否在复位状态，加工台是否有工件。这4个条件中的任意一个条件不满足，初始状态均不能通过，不能进入加工控制子程序。如果初始状态检查通过，则说明设备准备就绪，允许启动。启动后，系统就处于运行状态，此时主程序每个扫描周期调用加工控制子程序和状态显示子程序。

加工控制子程序是一个步进程序，可以采用置位复位方法来编程。如果加工台有料，则相继执行夹紧、缩回、冲压操作，然后执行冲压复位、加工台缩回复位、手爪松开复位等操作，延时一段时间后返回子程序入口处开始下一个周期的工作。

状态显示子程序相对比较简单，可以根据项目的任务描述用经验设计法来编程实现。

学习环节六

项目考核

根据现场各小组的讨论汇报情况、具体实施情况以及最后的结果，按照表 3-6 对本次任务给出客观评价并记录。

表 3-6　评分表

评分表		工作形式 □个人 □小组分工 □小组	实际工作时间	
训练项目	训练内容	训练要求	学生自评	教师评分
加工单元	1. 工作计划与图纸（20分） 工作计划 材料清单 气路图 电路图 程序清单	电路绘制有错误，每处扣 0.5 分；机械手装置运动的限位保护没有设置或绘制有错误，扣 1.5 分；主电路绘制有错误，每处扣 0.5 分；电路图形符号不规范，每处扣 0.5 分，最多扣 2 分		
	2. 部件安装与连接（20分）	装配未能完成，扣 2.5 分；装配完成，但有紧固件松动现象，扣 1 分		
	3. 连接工艺（20分） 电路连接工艺 气路连接及工艺 机械安装及装配工艺	端子连接，插针压接不牢或超过 2 根导线，每处扣 0.5 分，端子连接处没有线号，每处扣 0.5 分，两项最多扣 3 分；电路接线没有绑扎或电路接线凌乱，扣 2 分；机械手装置运动的限位保护未接线或接线错误，扣 1.5 分；气路连接未完成或有错，每处扣 2 分；气路连接有漏气现象，每处扣 1 分；气缸节流阀调整不当，每处扣 1 分；气管没有绑扎或气路连接凌乱，扣 2 分		
	4. 测试与功能（30分） 夹料功能 送料功能 整个装置全面检测	启动/停止方式不按控制要求，扣 1 分；运行测试不满足要求，每处扣 0.5 分；工件送料测试，但推出位置明显偏差，每处扣 0.5 分		
	5. 职业素养与安全意识（10分）	现场操作安全保护符合安全操作规程；工具摆放、包装物品、导线线头等的处理符合职业岗位的要求；团队合作有分工、有合作，配合紧密；遵守纪律，尊重教师，爱惜设备和器材，保持工位的整洁		

? 课后思考题

1. 利用功能指令实现加工单元的顺序控制功能，编写梯形图控制程序，并完成调试使之正确运行。

2. 如果发生意外需要采用紧急停止按钮时，程序应该如何编写？

《加工单元的安装与调试》测试题

 拓展案例 **融合工程实例，担当社会责任**

世界上最长跨海大桥——港珠澳大桥是怎样建成的？

我国有很多规模超大、难度超高的世界级的伟大工程，如三峡大坝、青藏铁路等，港珠澳大桥当然也是。港珠澳大桥是世界上最长的跨海大桥，被外媒评为"现代世界七大奇迹之一"。它标志着我国桥梁建设能力达到了世界先进水平，让国人非常自豪。

难点一

稍稍了解一下港珠澳大桥的与众不同：首先是世界上还没有哪个国家在海洋上建过如此长的大桥；整个工程最大的建造难点是中间有段 6.7km 长的潜入海底深处的隧道，以及连接主体桥梁与海底隧道的深海之中的两个人工岛。

造桥的第一大难点是要在大海深处筑建两个人工岛，有了人工岛才能把海底隧道联结成海底通途。然而大海之上的"人工岛"到底应该如何建？

在海上竖起一排 18 层楼高的大钢圆筒，每一个大钢圆筒高 50m、直径 22m、重达550t，然后将它们排列成珍珠项链形状的两个大圈子，由此实现快速筑岛——敢想敢为的中国工程师如此设计。

超大型钢铁结构物，有时仅仅多出一个技术指标，就可能是一道世界级难题。制造好的 120 个大钢圆筒，运达千里之外的伶仃洋造桥的施工现场。但工地上遇到了另一个难题：怎么将这些大钢圆筒在海洋中结结实实地插放好，状如"篱笆阵"，并能牢牢地固定在深海而达到筒与筒之间不渗水。这一工序在技术名称上叫"密封止水"，它的材料结构叫"副格"。

虽为副格，但个头上必须同是 50m 高，体形上则如弧形的钢铁"翅膀"……世界上没有可资借鉴的技术，一切都得靠中国工程师自己创造与制造。年轻的工程师团队平均年龄只有 28 岁，他们来到基地后迅速投入了为大钢圆筒铸造钢铁"翅膀"的紧张工作。

大钢圆筒筑岛的复杂性仍在一步步升级。现在，他们迎来将大家伙插入海底的工序，这一工序在工程上叫"振沉"，即通过强大的振动力量将其沉下。想象一下，眼前有一个 18 层楼高的钢铁巨筒，要把它往下沉压几十米，你有什么办法？大家或许会想到用千斤巨锤。但这般千斤巨锤又由谁造？千斤巨锤真的能把如此巨大的钢铁大筒压入海底吗？

怎么办？工程师们有办法，他们想到了用一种振沉器。用电流振荡的力量代替千斤顶或巨锤，将如此庞然大物下压使其沉降。最后的方案是：采用 8 台振沉器合力而作。

2011 年 5 月 15 日，伶仃洋上的人工岛关键之战——大钢圆筒入海围岛工程开始。随着现场施工总指挥一声令下，大钢圆筒顶上的 8 台联动大锤轰鸣，那十几层楼高的大钢圆筒以 99.9%的精确度垂直而下，直插大海深处……

正是靠着这种信念与要求，西人工岛工程战斗拉开帷幕之后，大钢圆筒振沉从一日一筒，到一日两筒，再到一日四筒……最后，整个人工岛工程比计划快了两年之多！

难点二

港珠澳大桥建设中最难的关键性技术是由 33 节巨大沉管连接而成的海底隧道工程。每节沉管重约 80000t，相当于一艘重型航母的满载排水量。除了重量外，最复杂的是沉管需要沉入几米深的海底，而且必须保证 120 年内"滴水不漏"。一旦漏水，如果水量过大，整个隧道就会被淹没，随之大桥也将被中断……千亿元造价的大桥将毁于一旦，后果不堪设想！

海底沉管怎么造？这是造桥人遇到的第二个世界级的超难题。

"还是一句话：拿出中国人的智慧和创新劲头来，不信我们搞不成！"中国工程师们的志气是在血管里涌动的。

海底沉管是个大个头，每个 180m 长、37.95m 宽（可以满足来回各三个车道及一个设备道）、11.4m 高，为钢筋混凝土结构。这个结构不仅要在海底承受每天来来往往的车水马龙，还要保证 120 年的寿命，称之为港珠澳大桥的"心脏工程"毫不为过。

180m 标准长度的沉管，在预制车间里被分成 8 个节段预制生产。整节沉管是靠 8 个长 22.5m、宽 37.95m、高 11.4m 的节段管节，通过 60 束预应力钢绞线的张拉，像串糖葫芦似的连在一起的。这就是建桥工程师们口中常说的"绣花活"。

"99.9% 的合格率，在沉管预制上就是不合格，因为那 0.1% 就是毁坏整段沉管的祸根；一天两天的技术指标符合要求，并不是真正达到了要求，因为大桥的设计寿命是 120 年，若 50 年、100 年中出现工程质量问题，就是我们对大桥犯下的罪过！"工程师和预制人员每天都用这些数字来提醒自己。

难点三

把 33 节沉管衔接起来一起沉入海底，就是港珠澳大桥所要的海底隧道。在海底安装沉管的过程，可以用"心惊胆战""如履薄冰"来形容。

大桥的海底隧道共由 33 节沉管组成，这也是整个工程中技术最艰难的部分。专家们反复推敲，最终将大家的智慧汇集在一起，放弃了传统现浇钢筋混凝土最终接头，而是选择了一种创新型的整体式结构，即"三明治"结构的最终接头。

所谓"三明治"结构，主要是指制作法中最关键的高流动性混凝土原理与制作工艺。一般的混凝土配比无法实现在钢壳结构里填混凝土，比如沉管、人工岛的混凝土配比都不能满足钢壳混凝土的要求。其他制品可以有一点空隙，但最终接头的钢壳混凝土必须无空隙。没有现成经验，只能靠摸索。原材料的配比先在试验室里做，然后做成 1m³ 的小试块，再到后来就做成大模型，最后到现场就做成了一个 10m³ 大小的试验品，一直做到整个玻璃墙那么大……这个过程比较漫长，但最终成功了！

整个最终接头就像是个大仓体，它的立面全部都要用混凝土填实、填牢固。12m 长的最终接头，仓体内共装置了 304 个大大小小的仓，里面有各式各样的隔断、型钢、管线等。要在接头里把 304 个仓体浇灌满、浇灌密实和牢固，不留一丝缝隙，难就难在这里，技术要求高也高在这里——全靠研制的混凝土符合高流动性标准。

附：加工单元工作单

项目名称			加工单元的安装与调试		
姓名		学号	班级	小组	日期

一、资讯

1. 加工单元元件认知

前站已有	磁性开关	漫反射式光电传感器	二位五通单电控电磁阀	双作用气缸 活塞杆伸出 排气 进气

	元件	工作原理	问题
薄型气缸			在结构上，薄型气缸与标准气缸有什么不一样的地方？理由何在？
气动手指			气动手指是_____位_____通电磁换向阀，通常用来控制_____作用气缸的运动

2. 安全操作规范

	安全操作规范	不规范的后果
气路操作	1. 气路连接完成、无错 2. 气路连接无漏气现象 3. 气管气缸节流阀调整合理、恰当 4. 气管有绑扎、气路连接规范	
电气操作	1. 端子连接、插针压接质量好，同一端子不超过 2 根导线，端子连接处有线号等 2. 电路图形符号规范 3. 电路接线有绑扎，电路接线不凌乱、条理、美观 4. 传感器接线正确	
设备操作	1.装配完成，无紧固件松动现象 2.推料/顶料气缸活塞杆返回时没有被卡住	
安全操作	1.接线后，对照接线图检查完一遍，确认无差错后再上电 2.设备要接地，强电要过载保护	
职业素养	1. 工具、元件、电线摆放合理 2. 线头、纸屑、灰尘打扫干净	

二、决策

　　按照 3~5 名同学一组进行分组，每组选出组长 1 名，组长对小组任务进行分配，组员根据任务职责完成相关任务。任务分配表如表 1 所示。

表 1　任务分工表

序号	任务描述	组员
1	机械组件安装与调试	
2	气动回路连接与调试	
3	电气回路接线与调试	
4	程序编写与调试	
5	资料整理	

三、计划

　　按照表 2 所示的工作计划表对加工单元的安装与调试进行记录。

步骤	内　　容	计划时间/h	实际时间/h	完成情况
	表2　工作计划表			
1	整个练习的工作计划	0.25		
2	制订安装计划	0.25		
3	本单元任务描述和任务所需图纸与程序	1		
4	写材料清单和领料单	0.25		
5	机械部分安装与调试	1		
6	传感器安装与调试	0.25		
7	按照图纸进行电路安装	0.5		
8	气路安装	0.25		
9	气源与电源连接	0.25		
10	PLC控制编程	1		
11	加工单元的人机界面设计	2		
12	按质量要求检查整个设备	0.25		
13	本单元各部分设备的通电、通气测试	0.25		
14	对老师发现和提出的问题进行回答	0.25		
15	输入程序，进行整个装置的功能调试	0.5		
16	如果必要，则排除故障	0.25		
17	该任务成绩的评估	0.5		

四、实施

1. 准备

在项目实施之前，有必要对加工单元中所使用的材料和工具进行认真检查。加工单元的元件检查清单如表3所示。

表3　加工单元元件检查清单

已观看加工单元的FLASH视频?		□是	□否
已观看加工单元的安装视频?		□是	□否
已观看加工单元的现场工作?		□是	□否
元件名称	规格	数量	好坏
光电开关			
磁性开关			
加工台伸缩气缸			
冲压气缸			
气动手指			
电磁阀组			
PLC			

2. 机械组装

按照下图所示组装顺序完成加工单元机械部分的安装，并填写安装调试工作单（表4）。

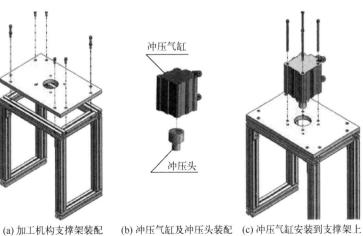

(a) 加工机构支撑架装配　　(b) 冲压气缸及冲压头装配　　(c) 冲压气缸安装到支撑架上

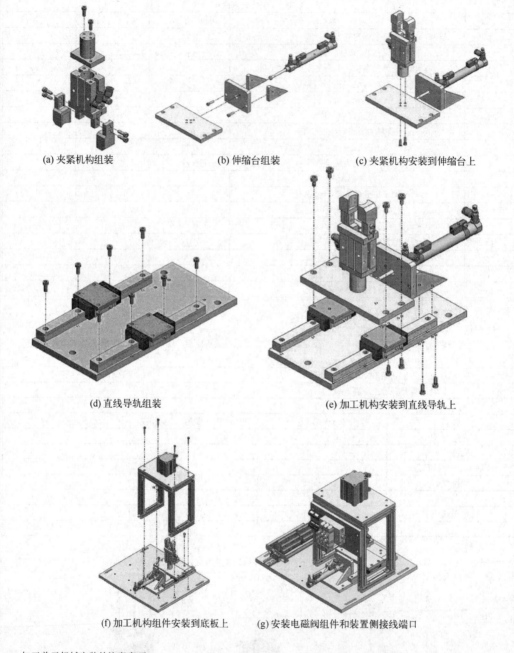

(a) 夹紧机构组装　　(b) 伸缩台组装　　(c) 夹紧机构安装到伸缩台上

(d) 直线导轨组装　　(e) 加工机构安装到直线导轨上

(f) 加工机构组件安装到底板上　　(g) 安装电磁阀组件和装置侧接线端口

　　加工单元机械安装的注意事项：
　　(1) 安装直线导轨副时应注意：①要小心轻拿轻放，避免磕碰以影响导轨副的直线精度；②不要将滑块拆离导轨或超过行程又推回去。调整两直线导轨的平行时，要一边移动安装在两导轨上的安装板，一边拧紧固定导轨的螺栓。
　　(2) 如果加工组件部分的冲压头和加工台上工件的中心没有对正，可以通过调整推料气缸旋入两导轨连接板的深度来进行对正。
　　调试过程：
　　(1) 导轨要灵活，否则调整导轨固定螺钉或滑板固定螺钉。安装直线导轨副要轻拿轻放，避免磕碰，以免影响导轨副的直线精度；不要将滑块拆离导轨或超过行程又推回去；要注意调整两直线导轨的平行。
　　(2) 气缸位置要安装正确。如果冲压头和加工台上工件的中心没有对正，可以通过调整推料气缸旋入两导轨连接板的深度来进行调整。
　　(3) 传感器的位置和灵敏度要调整正确。

表4　加工单元机械安装调试工作单

安装步骤	计划时间	实际时间	工具	是否返工，返工原因及解决方法
滑动机构的安装				
冲压机构的安装				
支撑架的安装				
传感器的安装				
电磁阀的安装				
整体安装				
调试过程	直线导轨是否平行 原因及解决方法： 冲压头与工件中心是否对正 原因及解决方法： 气路是否能正常换向 原因及解决方法： 其他故障及解决方法：			

3. 气路连接

（1）按照如下加工单元的气动回路图连接气路。

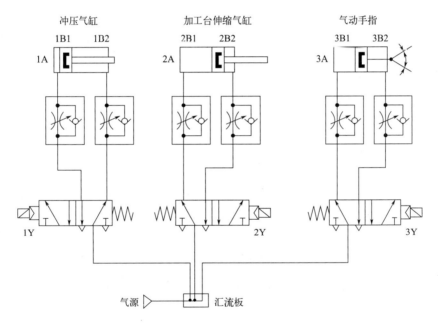

（2）加工单元气动回路连接初态检查如表5所示。

表5　加工单元气路安装与调试工作单

调试内容	是	否	不正确的原因
气路连接是否有漏气现象			
气动手指夹紧是否顺畅			
气动手指松开是否顺畅			
加工台伸缩气缸伸出是否顺畅			
加工台伸缩气缸缩回是否顺畅			
冲压气缸下降是否顺畅			
冲压气缸提升是否顺畅			

4. 电气设计

（1）完成加工单元 PLC 的 I/O 分配，填入表6。

表6　加工单元 PLC 的 I/O 分配表

输入信号				输出信号			
序号	PLC 输入点	信号名称	信号来源	序号	PLC 输出点	信号名称	信号来源
1	X0	顶料气缸伸出到位	装置侧	1	Y0	顶料电磁阀	装置侧
2	X1	顶料气缸缩回到位		2	Y1	推料电磁阀	
3	X2	推料气缸伸出到位		3	Y7	正常工作指示	按钮/指示灯模块
4	X3	推料气缸缩回到位		4	Y10	运行指示	
5	X4	出料台物料检测					
6	X5	供料不足检测					
7	X6	缺料检测					
8	X7	金属工件检测					
9	X12	停止按钮	按钮/指示灯模块				
10	X13	启动按钮					
11	X14	急停按钮（未用）					
12	X15	工作方式选择					

（2）绘制 PLC 电气接线原理图（另附绘图纸），完成电气部分调试工作单（表7）。

表7　加工单元电气线路调试工作单

调试内容	正确	错误	原因
物料台信号检测			
工件夹紧信号检测			
加工台伸出到位检测			
加工台缩回到位检测			
冲压头上限检测			
冲压头下限检测			

5. 编写 PLC 程序，并调试

（1）控制要求。

① 初始状态：设备上电和气源接通后，滑动加工台伸缩气缸处于伸出位置，加工台气动手指松开的状态，冲压气缸处于缩回位置，急停按钮没有按下。若设备在上述初始状态，则"正常工作"指示灯 HL1 常亮，表示设备准备好。否则，该指示灯以 1Hz 的频率闪烁。

② 若设备准备好，按下启动按钮，设备启动，"设备运行"指示灯 HL2 常亮。当待加工工件送到加工台上并被检出后，设备执行将工件夹紧，送往加工区域冲压，完成冲压动作后返回待料位置的工件加工工序。如果没有停止信号输入，当再有待加工工件送到加工台上时，加工单元又开始下一周期的工作。

③ 在工作过程中，若按下停止按钮，加工单元在完成本周期的动作后停止工作。HL2 指示灯熄灭。

④ 当急停按钮按下时，本单元所有机构应立即停止运行，HL2 指示灯以 1Hz 的频率闪烁。急停按钮复位后，设备从急停前的断点开始继续运行。

（2）在下载、运行程序前，必须认真检查程序。

在编程之前先检查加工单元的初始状态是否满足要求，完成加工单元初态调试工作单（表8）。

表8　加工单元初态调试工作单

	调试内容	是	否	原因
1	物料台是否处于无工件状态			
2	气动手指气缸是否处于松开状态			
3	加工台伸缩气缸是否处于伸出状态			
4	冲压气缸是否处于上限状态			
5	HL1 指示灯状态是否正常			
6	HL2 指示灯状态是否正常			

(3) 下载程序，完成运行状态功能调试（表9）。

表9 加工单元运行状态调试工作单

	调试内容		是	否	原因
	启动按钮按下后				
1	HL1 指示灯是否点亮				
2	HL2 指示灯是否常亮				
3	物料台无料时	气动手指是否动作			
		加工台伸缩气缸是否动作			
		冲压气缸是否动作			
4	物料台有料时	气动手指是否动作			
		加工台伸缩气缸是否动作			
		冲压气缸是否动作			
5	单个周期工作完成后是否循环				
	停止按钮按下后				
1	HL1 指示灯是否常亮				
2	HL2 指示灯是否熄灭				
3	工作状态是否正常				

五、检查、评价

根据现场各小组的讨论汇报情况、具体实施情况以及最后的结果，按照表10对本次任务进行客观评价并记录。

表10 评分表

评分表		工作形式 □个人 □小组分工 □小组	实际工作时间	
训练项目	训练内容	训练要求	学生自评	教师评分
加工单元	1. 工作计划与图纸（20分） 工作计划 材料清单 气路图 电路图 程序清单	电路绘制有错误，每处扣 0.5 分；机械手装置运动的限位保护没有设置或绘制有错误，扣 1.5 分；主电路绘制有错误，每处扣 0.5 分；电路图形符号不规范，每处扣 0.5 分，最多扣 2 分		
	2. 部件安装与连接（20分）	装配未能完成，扣 2.5 分；装配完成，但有紧固件松动现象，扣 1 分		
	3. 连接工艺（20分） 电路连接工艺 气路连接工艺 机械安装及装配工艺	端子连接，插针压接不牢或超过 2 根导线，每处扣 0.5 分，端子连接处没有线号，每处扣 0.5 分，两项最多扣 3 分；电路接线没有绑扎或电路接线凌乱，扣 2 分；机械手装置运动的限位保护未接线或接线错误，扣 1.5 分；气路连接未完成或有错，每处扣 2 分；气路连接有漏气现象，每处扣 1 分；气缸节流阀调整不当，每处扣 1 分；气管没有绑扎或气路连接凌乱，扣 2 分		
	4. 测试与功能（30分） 夹料功能 送料功能 整个装置全面检测	启动/停止方式不按控制要求，扣 1 分；运行测试不满足要求，每处扣 0.5 分；工件送料测试，但推出位置明显偏差，每处扣 0.5 分		
	5. 职业素养与安全意识（10分）	现场操作安全保护符合安全操作规程；工具摆放、包装物品、导线线头等的处理符合职业岗位的要求；团队合作有分工、有合作，配合紧密；遵守纪律，尊重教师，爱惜设备和器材，保持工位的整洁		

项目四

装配单元的安装与调试

知识目标

① 掌握装配单元的工作过程。
② 掌握摆动气缸、导向气缸的功能、特性、安装和调整的方法。
③ 掌握生产线中磁性开关、光电开关等传感器的结构、特点及电气接口特性，能在自动化生产线中正确进行安装和调试。
④ 掌握并行控制的顺序控制程序编制和调试方法。

能力目标

① 能够独立完成装配单元机械部件的组装。
② 能够正确绘制装配单元的气动控制原理图，并正确安装气动控制回路。
③ 能够正确设计电气接线图，并正确连接。
④ 能够正确编写装配单元 PLC 控制程序，并学会调试程序。
⑤ 能够解决安装与运行过程中出现的常见问题。

思政素质目标

① 传承严谨细致、追求卓越的工匠精神。
② 养成吃苦耐劳、耐心细致的精神。
③ 养成敬业、精业、勤业、乐业的职业素养与道德。
④ 提高团结协作进行生产线安装调试的能力。
⑤ 提高自我提升及循序渐进学习的能力。

学习环节一

项目任务书

学习领域	自动化生产线的安装与调试		
学习项目	项目四 装配单元的安装与调试		
学习小组	第 组		
工作过程描述	① 装配单元各气缸的初始位置为：挡料气缸处于伸出状态，顶料气缸处于缩回状态，料仓上已经有足够的小圆柱零件；装配机械手的升降气缸处于提升（缩回）状态，伸缩气缸处于缩回状态，气爪处于松开状态。 设备上电和气源接通后，若各气缸满足初始位置要求，且料仓上已经有足够的小圆柱零件，工件装配台上没有待装配工件，则"正常工作"指示灯 HL1 常亮，表示设备准备好。否则，该指示灯以 1Hz 的频率闪烁。 ② 若设备准备好，按下启动按钮，装配单元启动，"设备运行"指示灯 HL2 常亮。如果回转台上的左料盘内没有小圆柱零件，就执行下料操作；如果左料盘内有零件，而右料盘内没有零件，执行回转台回转操作。 ③ 如果回转台上的右料盘内有小圆柱零件且装配台上有待装配工件，执行装配机械手抓取小圆柱零件，放入待装配工件中的操作。 ④ 完成装配任务后，装配机械手应返回初始位置，等待下一次装配。 ⑤ 若在运行过程中按下停止按钮，则供料机构应立即停止供料，在装配条件满足的情况下，装配单元在完成本次装配后停止工作。 ⑥ 在运行中发生"零件不足"报警时，指示灯 HL3 以 1Hz 的频率闪烁，HL1 和 HL2 灯常亮；在运行中发生"零件没有"报警时，指示灯 HL3 以亮 1s、灭 0.5s 的方式闪烁，HL2 灯熄灭，HL1 灯常亮		
教学和学习资源	学习资料	学习软件	实训设备
	教材、实训手册、任务书、工作单、课程网站	GX-Developer-8.86/MCGS 安装包_7.7.1.1_V1.4	自动化生产线的安装与调试实训室
教学组织	分组教学，一组 3~5 人，团队合作		
学习流程	装配单元的元件认知 → 安全操作规范的熟悉 → 分解装配的工作过程 → 装配单元的设备安装 → 气路设计与连线调试 → 电路设计与接线调试 → 程序编制与系统调试 → 整理工作台		
学习过程	六步法	学生活动	教师活动
	资讯	确定项目负责人，接受任务，观看 FLASH 动画课件、视频以及整个过程动作，分组讨论，查阅相关资料，准确描述整个装配单元的工作过程	提出工作任务，明确控制要求，负责对装配单元的工作过程进行归纳，然后分发任务书
	决策、计划	设计计划，项目计划符合目标要求，讨论方案的可行性，是否符合操作规范，最终确定工作计划。形成计划书一份	对学生给予实时的指导与评价，与学生交流发挥咨询者和协调人的作用
	实施	按照学习流程图开展顺序合理分工，逐项完成子任务，最后合作完成系统工作。形成过程监控记录一份	引导学生完成元器件的选型、电气线路的安全检查，加强与学生的交流，监控每个团队的工作进程，设置故障，激发学生思考，做好咨询者角色
	检查、评价	展示成果，各小组对工作完成情况进行自评，并开展互评，取长补短，优化方案。同时根据工作记录写出工作总结，做 PPT 进行汇报	经常向学生了解情况，听取学生的反馈信息，在项目的进展过程中做好记录，在项目结束时进行评价

提交材料	装配单元电气接线图一份、装配单元气动回路控制图一份、装配单元 PLC 编程 I/O 分配表一份、装配单元 PLC 程序一份、汇报 PPT 一份
考核要点	机械安装牢固可靠、电气接线无松动、电气图纸绘制标准、装配单元动作正确无误。软件的使用：上传、下载、运行、通信设置、I/O 地址分配、硬件接线、程序的编写、调试
考核方式	小组的自我评价、教师对小组的评价、教师对个人的评价

学习环节二

认识装配单元

一、装配单元的功能

装配单元的功能是完成将该单元料仓内的黑色或白色小圆柱工件嵌入放置在装配料斗的待装配工件中的装配过程。

竖直料仓中的物料在重力作用下自动下落，通过两直线气缸的共同作用，分别对底层相邻两物料夹紧与松开，完成对连续下落的物料的分配。被分配的物料按指定的路径落入由气动摆台构成的物料位置转换装置，由摆台完成 180°位置变换后，由伸缩气缸、升降气缸、气动手指所组成的机械手夹持后位移，并装配到已定位的半成品工件中。

二、装配单元的结构

装配单元结构包括：管形料仓、落料机构、回转物料台、装配机械手、导向气缸、装配台料斗、电磁阀组和警示灯。装配单元结构如图 4-1 所示。

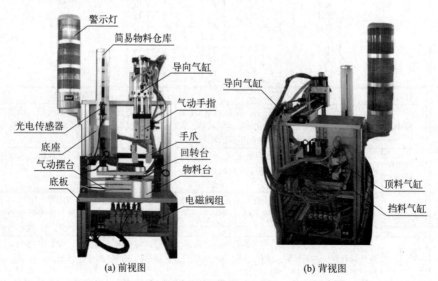

(a) 前视图　　　(b) 背视图

图 4-1　装配单元结构

（1）管形料仓

管形料仓用来存储装配用的金属、黑色和白色小圆柱零件。它由塑料圆管和中空底座构成。塑料圆管顶端放置加强金属环，以防止破损。工件竖直放入料仓的空心圆管内，由于二者之间有一定的间隙，工件能在重力作用下自由下落。

为了能在料仓供料不足和缺料时报警，在塑料圆管底部和底座处分别安装了 2 个漫反射式光电传感器（CX-441 型），并在料仓塑料圆柱上纵向铣槽，以使光电传感器的红外光斑能可靠照射到被检测的物料上，如图 4-2 所示。简易物料仓库中的物料外形一致，颜色分为黑色和白色。光电传感器的灵敏度调整以能检测到黑色物料为准则。

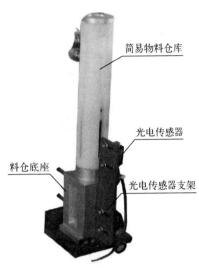

图 4-2　简易物料仓库

（2）落料机构

它的动作过程是由上下安装、水平动作的两直线气缸在 PLC 的控制下完成的。当供气压力达到规定气压后，打开气路阀门，此时分配机构底部气缸在单电控电磁阀的作用下恢复到初始状态—— 该气缸活塞杆伸出，因重力下落的物料被阻挡，系统上电并正常运行后，当位置变换机构料盘旁的光电传感器检测到位置变换机构需要物料时，物料分配机构中的上部气缸在电磁阀的作用下活塞杆伸出，将与之对应的物料夹紧，使其不能下落，底部气缸活塞杆缩回，物料掉入位置变换机构的料盘中，底部气缸复位伸出，上部的气缸缩回，物料连续下落，为下一次分料做好准备。在两直线气缸上均装有检测活塞杆伸出与缩回到位的磁性开关，用于动作到位检测，当系统正常工作并检测到活塞磁钢的时候，磁性开关的红色指示灯点亮，并将检测到的信号传送给控制系统的 PLC。物料分配机构的底部装有用于检测有无物料的光电传感器，使控制过程更准确可靠。

（3）回转物料台

该机构由气动摆台和两个料盘组成，气动摆台能驱动料盘旋转 180°，从而实现把从供料机构落到料盘的工件移动到装配机械手正下方的功能，如图 4-3 所示。图中的光电开关 1 和光电开关 2 分别用来检测左面和右面料盘是否有零件。两个光电开关均选用 CX-441 型。

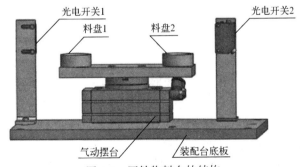

图 4-3　回转物料台的结构

（4）装配机械手

装配机械手是整个装配单元的核心。在装配机械手正下方的回转物料台料盘上有小圆柱

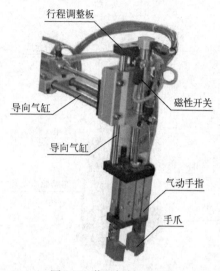

图 4-4　装配机械手组件

零件，且装配台侧面的光纤传感器检测到装配台上有待装配工件的情况下，机械手从初始状态开始执行装配操作过程，如图 4-4 所示。

装配机械手的运行过程：PLC 驱动与竖直移动气缸相连的电磁换向阀动作，由竖直移动带导杆气缸驱动气动手指向下移动；到位后，气动手指驱动手爪夹紧物料，并将夹紧信号通过磁性开关传送给 PLC；在 PLC 控制下，竖直移动气缸复位，被夹紧的物料随气动手指一并提起，离开回转物料台的料盘；提升到最高位后，水平移动气缸在与之对应的换向阀的驱动下，活塞杆伸出，移动到气缸前端位置后，竖直移动气缸再次被驱动下移，移动到最下端位置，气动手指松开，经短暂延时，竖直移动气缸和水平移动气缸缩回，机械手恢复初始状态。

在整个机械手的动作过程中，除气动手指松开到位无传感器检测外，其余动作的到位信号检测均采用与气缸配套的磁性开关，将采集到的信号输入 PLC，由 PLC 输出信号驱动电磁阀换向，使由气缸及气动手指组成的机械手按程序自动运行。

（5）导向气缸

导向气缸是指具有导向功能的气缸，由标准气缸和导向装置集合而成。导向气缸用于驱动装配机械手沿导杆水平方向移动，如图 4-5 所示。

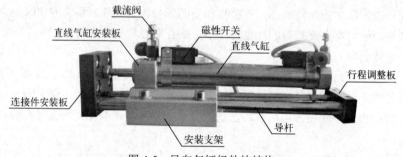

图 4-5　导向气缸组件的结构

安装支架用于导杆导向件的安装和导向气缸整体的固定，连接件安装板用于固定其他需要连接到该导向气缸上的物件，并将两导杆和直线气缸活塞杆的相对位置固定，当直线气缸的一端接通压缩空气后，活塞被驱动做直线运动，活塞杆也一起移动，被连接件安装板固定到一起的两导杆也随活塞杆伸出或缩回，从而实现导向气缸的整体功能。安装在导杆末端的行程调整板用于调整该导向气缸的伸出行程。具体调整方法是松开行程调整板上的紧定螺钉，使行程调整板在导杆上移动，当达到理想的伸出距离以后，再完全锁紧紧定螺钉，完成行程的调节。

（6）装配台料斗

输送单元运送来的待装配工件直接放置在装配台料斗中，由料斗定位孔与工件之间的较小的间隙配合实现定位,从而完成准确的装配动作和定位精度。装配台料斗与回转物料台组件共用支撑板,如图 4-6 所示。为了确定装配台料斗内是否放置了待装配工件,使用了光纤传感器进行检测。料斗的侧面开始有一个 M6 的螺孔,光纤传感器的光纤探头就固定在螺孔内。

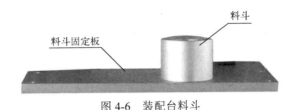

料斗固定板　　料斗

图 4-6　装配台料斗

(7) 电磁阀组

装配单元的阀组由 6 个二位五通单电控电磁换向阀组成,如图 4-7 所示。这些电磁阀分别对物料分配、位置变换和装配动作气路进行控制,以改变各自的动作状态。

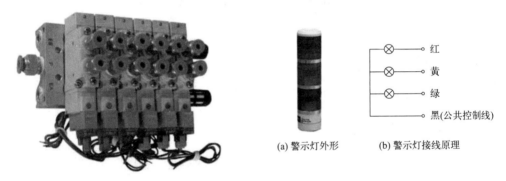

(a) 警示灯外形　　(b) 警示灯接线原理

红
黄
绿
黑(公共控制线)

图 4-7　装配单元的电磁阀组　　　　　　图 4-8　装配单元的警示灯

(8) 警示灯

本工作单元上安装有红、橙、绿三色警示灯,它是作为整个系统警示用的。警示灯有 4 根引出线,其中红色线为红色灯控制线,黄色线为黄色灯控制线,绿色线为绿色灯控制线,黑色线为信号灯公共控制线。警示灯的外形及其接线如图 4-8 所示。

三、装配单元的工作过程

① 装配单元各气缸的初始位置为:挡料气缸处于伸出状态,顶料气缸处于缩回状态,料仓上已经有足够的小圆柱零件;装配机械手的升降气缸处于提升(缩回)状态,伸缩气缸处于缩回状态,气爪处于松开状态。

装配单元的工作
过程描述

设备上电和气源接通后,若各气缸满足初始位置要求,且料仓上已经有足够的小圆柱零件,工件装配台上没有待装配工件,则“正常工作”指示灯 HL1 常亮,表示设备准备好。否则,该指示灯以 1Hz 的频率闪烁。

② 若设备准备好,按下启动按钮,装配单元启动,“设备运行”指示灯 HL2 常亮。如果回转台上的左料盘内没有小圆柱零件,就执行下料操作;如果左料盘内有零件,而右料盘内没有零件,执行回转台回转操作。

③ 如果回转台上的右料盘内有小圆柱零件且装配台上有待装配工件，执行装配机械手抓取小圆柱零件，放入待装配工件中的操作。

④ 完成装配任务后，装配机械手应返回初始位置，等待下一次装配。

⑤ 若在运行过程中按下停止按钮，则供料机构应立即停止供料，在装配条件满足的情况下，装配单元在完成本次装配后停止工作。

⑥ 在运行中发生"零件不足"报警时，指示灯 HL3 以 1Hz 的频率闪烁，HL1 灯和 HL2 灯常亮；在运行中发生"零件没有"报警时，指示灯 HL3 以亮 1s、灭 0.5s 的方式闪烁，HL2 灯熄灭，HL1 灯常亮。

📚 学习环节三

相关知识讲解

一、装配单元的传感器

装配单元中所使用的光电开关和磁性开关传感器与供料单元一致，这里不再复述。

二、装配单元的气动元件

装配单元中使用的标准气缸、气动手指在项目二和项目三中都进行了讲解，这里主要讲解气动摆台。

回转物料台的主要器件是气动摆台，它是由直线气缸驱动齿轮齿条实现回转运动的，回转角度能在 0°～90°和 0°～180°之间任意调节，而且可以安装磁性开关，检测旋转到位信号，多用于方向和位置需要变换的机构，如图 4-9 所示。

YL-335B 所使用的气动摆台的摆动回转角度能在 0°～180°范围内任意可调。当需要调节回转角度或调整摆动位置精度时，应首先松开调节螺杆上的反扣螺母，通过旋入和旋出调节螺杆，从而改变回转凸台的回转角度。调节螺杆 1 和调节螺杆 2 分别用于左旋和右旋角度的调整。当调整好摆动角度后，应将反扣螺母与基体反扣锁紧，防止调节螺杆松动，造成回转精度降低。

图 4-9 气动摆台结构

回转到位的信号是通过调整气动摆台滑轨内的两个磁性开关的位置实现的。磁性开关安装在气缸体的滑轨内，松开磁性开关的紧定螺钉，磁性开关就可以沿着滑轨左右移动。确定开关位置后，旋紧紧定螺钉，即可完成位置的调整。

学习环节四

项目准备

在项目实施之前，有必要对装配单元中所使用的材料和工具进行认真检查。装配单元的元件检查清单如表 4-1 所示。

表 4-1　装配单元元件检查清单

是否观看装配单元的 FLASH 视频?		□是	□否
是否观看装配单元的安装视频?		□是	□否
是否观看装配单元的工作现场?		□是	□否
元件名称	规格	数量	好坏
光电开关			
磁性开关			
顶料气缸			
挡料气缸			
气动手指			
手爪伸缩气缸			
手爪升降气缸			
气动摆台			
电磁阀组			
PLC			

学习环节五

项目实施

一、训练要求

① 熟悉装配单元的功能及结构组成。
② 能够根据控制要求设计气动控制回路原理图，安装执行器件并进行调试。
③ 安装所使用的传感器并能调试。

④ 查明 PLC 各端口地址，根据要求编写程序和调试。

⑤ 能够进行装配单元的人机界面设计和调试。

二、任务分工

按照 3~5 名同学一组进行分配，每组选出组长 1 名，组长对小组任务进行分配，组员根据任务职责完成相关任务。任务分配表如表 4-2 所示。

表 4-2　任务分工表

序号	任务描述	组员
1	机械组件安装与调试	
2	气动回路连接与调试	
3	电气回路接线与调试	
4	程序编写与调试	
5	资料整理	

三、装配单元安装与调试工作计划

同学们可按照表 4-3 所示的工作计划表对装配单元的安装与调试进行记录。

表 4-3　工作计划表

步骤	内　容	计划时间/h	实际时间/h	完成情况
1	整个练习的工作计划	0.25		
2	制订安装计划	0.25		
3	本单元任务描述和任务所需图纸与程序	1		
4	写材料清单和领料单	0.25		
5	机械部分安装与调试	1		
6	传感器安装与调试	0.25		
7	按照图纸进行电路安装	0.5		
8	气路安装	0.25		
9	气源与电源连接	0.25		
10	PLC 控制编程	1		
11	装配单元的人机界面设计	2		
12	按质量要求检查整个设备	0.25		
13	本单元各部分设备的通电、通气测试	0.25		
14	对老师发现和提出的问题进行回答	0.25		
15	输入程序，进行整个装置的功能调试	0.5		
16	如果必要，则排除故障	0.25		
17	该任务成绩的评估	0.5		

四、实施

1. 装配单元机械部分的安装与调试

（1）机械组件的组成

装配单元的机械组件包括管形料仓、落料机构、回转物料台、装配机械

装配单元机械部分
的安装与调试

手、导向气缸、装配台料斗。装配单元的整体结构除了机械组件之外，还有一些配合机械动作的气动元件和传感器。

（2）机械组件的安装方法

装配单元是整个 YL-335B 中所含元器件较多、结构较为复杂的单元，为了减小安装的难度和提高安装时的效率，在装配前应认真分析该结构组成，认真观看录像，参考别人的装配工艺，认真思考，做好记录。遵循先前的思路，先装配成组件，再进行总装。装配成的组件如图 4-10 所示。

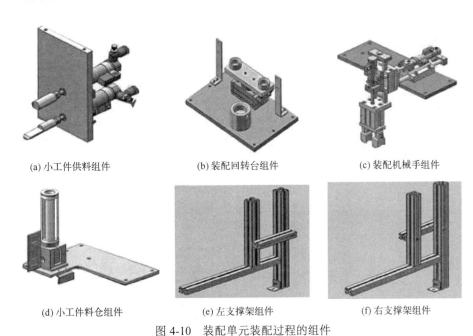

(a) 小工件供料组件　　　　　(b) 装配回转台组件　　　　　(c) 装配机械手组件

(d) 小工件料仓组件　　　　　(e) 左支撑架组件　　　　　(f) 右支撑架组件

图 4-10　装配单元装配过程的组件

在完成以上组件的装配后，按表 4-4 中的顺序进行总装。

表 4-4　装配单元装配过程

安装步骤	安装效果图
① 装配左右撑架组件	
② 装配物料台组件上的气动元件和其他零件	

安装步骤	安装效果图
③ 组装小工件料仓组件及其安装板	
④ 组装小工件供料组件	
⑤ 将撑架组件安装到大底板上	
⑥ 把物料台组件安装在工作单元支撑架上	
⑦ 把料仓组件安装到工作单元支撑架上	
⑧ 安装供料操作组件和装配机械手支撑板	
⑨ 组装机械手	

安装步骤	安装效果图
⑩ 安装装配机械手组件	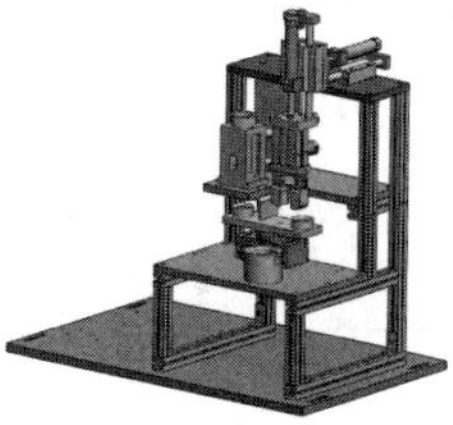
⑪ 安装装料管	
⑫ 安装阀组安装板，完成该站的装配	

2. 装配单元气动元件的安装与调试

（1）气动系统的组成

装配单元的气动系统主要包括气源、气动汇流板、直线气缸、摆动气缸、手指气缸、单电控二位五通电磁换向阀、单向节流阀、消声器、快速接头、气管等，主要作用是完成推料、挡料、机械手抓取、工件装配和工件送取到位等。

装配单元的气动执行元件由 4 个双作用气缸、1 个摆动气缸和 1 个手指气缸组成，其中，1B1、1B2 为安装在顶料气缸上的 2 个位置检测传感器（磁性开关），2B1、2B2 为安装在挡料气缸上的 2 个位置检测传感器（磁性开关），3B1、3B2 为安装在手爪伸缩气缸上的 2 个位置检测传感器（磁性开关），4B1、4B2 为安装在手爪升降气缸上的 2 个位置检测传感器（磁性开关），5B1、5B2 为安装在摆动气缸上的 2 个位置检测传感器（磁性开关），6B 为安装在手指气缸上的 1 个位置检测传感器（磁性开关）。单向节流阀用于气缸调速，气动汇流板用于组装单电控二位五通电磁换向阀及其附件。

（2）气路控制原理图

装配单元的气路控制原理图如图 4-11 所示。图中，气源经汇流板分给 3 个换向阀的进气口，气缸 1A～6A 的两个工作口与电磁阀工作口之间均安装了单向节流阀，通过尾气节流阀来调整气缸冲压和返回、伸出和缩回，以及气动手指夹紧和放松的速度。排气口安装的消声器可减小排气的噪声。

（3）气路的连接方法

① 单向节流阀应安装在气缸的工作口上，并缠绕好密封带，以免运行时漏气。

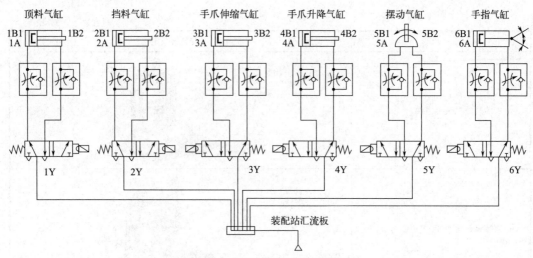

图 4-11　装配单元气路控制原理图

② 单电控二位五通电磁换向阀的进气口和工作口应安装好快速接头，并缠绕好密封带，以免运行时漏气。

③ 气动汇流板的排气口应安装好消声器，并缠绕好密封带，以免运行时漏气。

④ 气动元件对应气口之间用塑料气管进行连接，做到安装美观，气管不交叉并保持气路畅通。

（4）气路系统的调试方法

装配单元气路系统的调试主要是针对气动执行元件的运行情况进行的，其调试方法是通过手动控制单向换向阀，观察气动执行元件的动作情况：气动执行元件运行过程中检查各管路的连接处是否有漏气现象，是否存在气管不畅通的现象。同时通过各单向节流阀的调整来获得稳定的气动执行元件运行速度。

3. 装配单元传感器的安装与接线

（1）磁性开关的安装与接线

① 磁性开关的安装　装配单元设计了 6 个气动执行元件，即顶料气缸、挡料气缸、手爪伸缩气缸、手爪升降气缸、摆动气缸和手指气缸，分别由 11 个磁性开关作为气动执行元件的极限位置检测元件。磁性开关的安装方法与供料单元中磁性开关的安装方法相同。

② 磁性开关的接线　磁性开关的输出为 2 线（棕色+，蓝色−），连接时蓝色线与直流电源的负极相连，棕色线与 PLC 的输入点相连。

（2）光电开关的安装与接线

① 光电开关的安装　装配单元中的光电开关主要用于加工台物料检测，光电开关的安装与供料单元中光电开关的安装方法相同。

② 光电开关的接线　光电开关的输出为 3 线（棕色+，蓝色−，黑色输出），连接时棕色线与直流电源的正极相连，蓝色线与直流电源的负极相连，黑色线与 PLC 的输入点相连。

4. 装配单元 PLC 的安装与调试

（1）装配单元装置侧接线

装配单元装置侧接线，一是把装配单元各个传感器、电源线、0V 线按规定接至装置侧左边较宽的接线端子排，二是把装配单元电磁阀的信号线接至装置侧右边较窄的接线端子排。其信号线与端子排号如表 4-5 所示。

表 4-5 装配单元装置侧的接线端口信号端子的分配

输入端口			输出端口		
端子排号	设备符号	信号线	端子排号	设备符号	信号线
2	BG1	物料不足检测	2	1Y	挡料电磁阀
3	BG2	物料有无检测	3	2Y	顶料电磁阀
4	BG3	左盘物料检测	4	3Y	摆缸旋转电磁阀
5	BG4	右盘物料检测	5	4Y	手爪夹紧电磁阀
6	BG5	装配台物料检测	6	5Y	手爪下降电磁阀
7	1B1	顶料到位检测	7	6Y	手爪伸出电磁阀
8	1B2	顶料复位检测	8	AL1	红色警示灯
9	2B1	挡料状态检测	9	AL2	橙色警示灯
10	2B2	落料状态检测	10	AL3	绿色警示灯
11	5B1	摆动气缸左旋到位检测	11		
12	5B2	摆动气缸右旋到位检测	12		
13	6B2	手爪夹紧检测	13		
14	4B2	手爪下降到位检测	14		
15	4B1	手爪上升到位检测			
16	3B1	手爪缩回到位检测			
17	3B2	手爪伸出到位检测			

（2）装配单元 PLC 侧接线

PLC 侧接线包括电源接线、PLC 输入/输出端子的接线。PLC 侧接线端子排为双层两列端子，左边较窄的一列主要接 PLC 的输出接口，右边较宽的一列接 PLC 的输入接口。两列中的下层分别接 24V 电源端子和 0V 端子。装配单元 PLC 的 I/O 接线原理图如图 4-12 所示。

5. 安装过程中应注意的问题

① 装配时要注意摆台的初始位置，以免装配完后摆动角度不到位。

② 预留螺栓的放置一定要足够，以免造成组件之间不能完成安装。

③ 建议先进行装配，但不要一次拧紧各固定螺栓，待相互位置基本确定后，再依次进行调整固定。

④ 装配工作完成后，须做进一步的校验和调整，如再次校验摆动气缸的初始位置和摆动角度；校验和调整机械手竖直方向移动的行程调节螺栓，使之在下限位能可靠抓取工件；调整水平方向移动的行程调节螺栓，使之能准确移动到装配台正上方进行装配工作。

6. 装配单元 PLC 的编程与调试

（1）装配单元 PLC 的 I/O 分配表

根据装配单元装置侧的接线端口信号端子的分配（见表 4-5）和工作任务的要求，PLC 的 I/O 信号分配如表 4-6 所示。

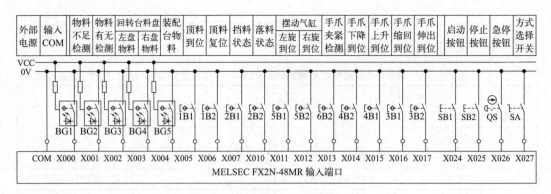

装配单元PLC输入端接线

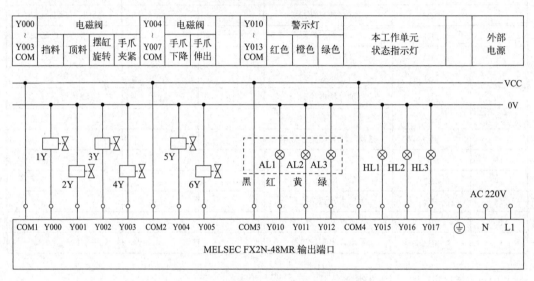

装配单元PLC输出端接线

图 4-12　装配单元 PLC 的 I/O 接线原理图

表 4-6　装配单元 PLC 的 I/O 信号表

输入信号				输出信号			
序号	PLC 输入点	信号名称	信号来源	序号	PLC 输出点	信号名称	信号来源
1	X000	物料不足检测	装置侧	1	Y000	挡料电磁阀	装置侧
2	X001	物料有无检测		2	Y001	顶料电磁阀	
3	X002	左盘物料检测		3	Y002	摆缸旋转电磁阀	
4	X003	右盘物料检测		4	Y003	手爪夹紧电磁阀	
5	X004	装配台物料检测		5	Y004	手爪下降电磁阀	
6	X005	顶料到位检测		6	Y005	手爪伸出电磁阀	
7	X006	顶料复位检测		7	Y006		
8	X007	挡料状态检测		8	Y007		
9	X010	落料状态检测		9	Y010	红色警示灯	
10	X011	摆动气缸左旋到位检测		10	Y011	橙色警示灯	
11	X012	摆动气缸右旋到位检测		11	Y012	绿色警示灯	
12	X013	手爪夹紧检测		12	Y013		

续表

输入信号				输出信号			
序号	PLC 输入点	信号名称	信号来源	序号	PLC 输出点	信号名称	信号来源
13	X014	手爪下降到位检测	装置侧	13	Y014		按钮/指示灯模块
14	X015	手爪上升到位检测		14	Y015	HL1	
15	X016	手爪缩回到位检测		15	Y016	HL2	
16	X017	手爪伸出到位检测		16	Y017	HL3	
17	X020						
18	X021						
19	X022						
20	X023						
21	X024	停止按钮	按钮指示灯模块				
22	X025	启动按钮					
23	X026	急停按钮					
24	X027	单机/联机					

（2）编程思路

装配单元采用的是顺序控制编程，整个程序由主程序、供料子程序、装配子程序和状态显示子程序组成。主程序是一个周期循环扫描的程序，其顺序控制流程图如图 4-13 所示。通电后先进行初始状态检查，即检查顶料气缸缩回、挡料气缸伸出、机械手提升、机械手缩回、手爪松开、供料充足、装配台无料 7 个状态是否满足要求。这 7 个条件中的任意一个条件不满足，初始状态均不能通过，不能进入下一个环节。如果初始状态检查通过，则说明设备准备就绪，允许启动。启动后，系统就处于运行状态，此时主程序每个扫描周期调用供料子程序、装配子程序和状态显示子程序。

供料子程序就是通过供料机构按顺序的操作，使料仓中的小圆柱零件落到摆台左边料盘上的落料控制；然后摆台转动，使装有零件的料盘转移到右边，以便装配机械手抓取零件。

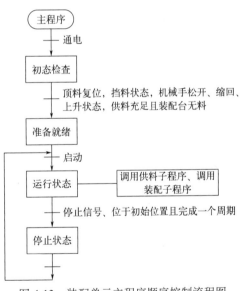

图 4-13 装配单元主程序顺序控制流程图

供料过程包含两个互相联锁的过程，即落料过程和摆台转动的过程。在小圆柱零件从料仓下落到左料盘的过程中，禁止摆台转动；反之，在摆台转动过程中，禁止打开料仓，挡料气缸处于伸出状态。其编程思路如下：如果左料盘无料，则执行落料；如果左料盘有料、右料盘无料，则执行摆台转动；如果左料盘有料、右料盘有料，当右料盘无料时，则执行摆台转动复位操作。

落料过程的编程可以参照供料单元的动作过程。摆台转动控制梯形图如图 4-14 所示。

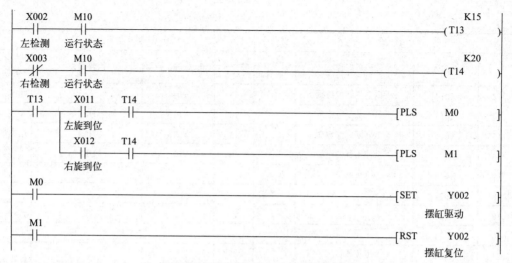

图 4-14　摆台转动控制梯形图

装配子程序是当装配台上有待装配工件，且装配机械手下方有小圆柱零件时，进行装配操作。装配过程是一典型的步进顺序控制，其流程图如图 4-15 所示。

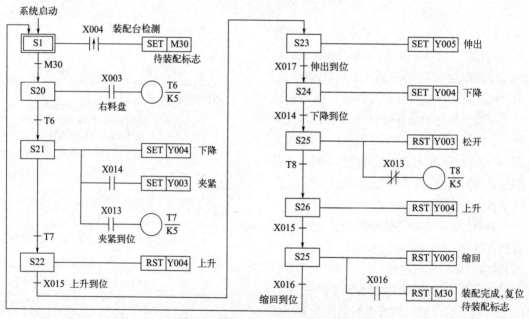

图 4-15　装配单元装配过程流程图

装配子程序的编程思路如下：如果装配台有料且右料盘有料，则依次执行抓料、放料操作。抓料操作的方法是机械手下降→手爪夹紧→机械手提升；放料操作的方法是机械手伸出→机械手下降→手爪松开→机械手提升→机械手缩回。

需要注意的是，程序中供料子程序和装配子程序分别是两个相互独立的步进块，它们都必须以 RST 指令结束。在自动线工作过程中，并行分支往往并不相互独立，这时就不能用上述方法编程。实际上，本工作过程也可以只用一个步进指令块编程，这时，供料子程序和装配子程序是相互并行的分支控制，重要的是汇合点的处理。请读者自行编制，并与本程序加以比较。

学习环节六

项目考核

根据现场各小组的讨论汇报情况、具体实施情况以及最后的结果，按照表 4-7 对本次任务进行客观评价并记录。

表 4-7 评分表

评分表	工作形式 □个人 □小组分工 □小组	实际工作时间	
训练项目	训练内容	训练要求	学生 自评	教师 评分
装配单元	1. 工作计划与图纸（20 分） 工作计划 材料清单 气路图 电路图 程序清单	电路绘制有错误，每处扣 0.5 分；机械手装置运动的限位保护没有设置或绘制有错误，扣 1.5 分；主电路绘制有错误，每处扣 0.5 分；电路图形符号不规范，每处扣 0.5 分，最多扣 2 分		
	2. 部件安装与连接（20 分）	装配未能完成，扣 2.5 分；装配完成，但有紧固件松动现象，扣 1 分		
	3. 连接工艺（20 分） 电路连接工艺 气路连接工艺 机械安装及装配工艺	端子连接，插针压接不牢或超过 2 根导线，每处扣 0.5 分，端子连接处没有线号，每处扣 0.5 分，两项最多扣 3 分；电路接线没有绑扎或电路接线凌乱，扣 2 分；机械手装置运动的限位保护未接线或接线错误，扣 1.5 分；气路连接未完成或有错，每处扣 2 分；气路连接有漏气现象，每处扣 1 分；气缸节流阀调整不当，每处扣 1 分；气管没有绑扎或气路连接凌乱，扣 2 分		
	4. 测试与功能（30 分） 落料功能 摆台转动功能 整个装置全面检测	启动/停止方式不按控制要求，扣 1 分；运行测试不满足要求，每处扣 0.5 分；工件送料测试，但推出位置明显偏差，每处扣 0.5 分		
	5. 职业素养与安全意识（10 分）	现场操作安全保护符合安全操作规程；工具摆放、包装物品、导线线头等的处理符合职业岗位的要求；团队合作有分工、有合作，配合紧密；遵守纪律，尊重教师，爱惜设备和器材，保持工位的整洁		

？ 课后思考题

1. 运行过程中出现小圆柱零件不能准确落到料盘中、装配机械手装配不到位或光纤传感器误动作等现象，请分析其原因，总结出处理方法。

2. 如何配置装配单元中顶料控制和落料控制的关系？它们之间应如何编程？

《装配单元的安装与调试》测试题

拓展案例　激发爱国情怀，树立远大理想

钱学森出生于上海，年幼时考入北京师范大学附属中学，成为学校里的佼佼者。18岁考入上海交通大学，23岁大学毕业后又顺利地考取了清华大学第七届庚款留美学生资格。很快，他成为了美国麻省理工学院航空系的学生，但他却觉得自己的天赋并没有得到充分的发挥。于是，他选择转到加州理工学院航空系，并成为了当时世界上最著名的大科学家冯·卡门的得意门生。他们一起研究出了著名的卡门-钱学森公式，为航天技术的发展奠定了基础。

中华人民共和国成立后，钱学森决定回国效力，这在美国引起了不小的骚动，他面临着许多困难和阻挠。然而，中国政府对他的回归非常重视，在中国政府的努力下，钱学森回到了祖国。回到祖国后，钱学森全身心地投入中国航天事业的发展中。他领导团队成功研制出了中国第一颗人造卫星和第一颗氢弹，成为了中国"两弹一星"工程的绝对功臣，他的贡献被载入了中国的历史。钱学森的故事激励着一代又一代的科学家，为祖国的航天事业不断追求更加辉煌的发展。

对于钱学森来说，相较于他对祖国航天事业的贡献，所谓的待遇根本算不上什么。回到祖国后，钱学森的工资只有月薪335.8元。虽然这个数额在当时还算可以，但是对于一位享有如此盛誉的科学家来说，实在有些微不足道。更何况，钱学森的一家人都需要依靠这笔工资生活，生活依旧过得相对拮据。在回国的第二年，由于当选为科学院学部委员，他的工资有所上涨，每月多了一百元的津贴。此外，科学院年底还额外给予他500元的奖金。尽管这些数字在当时看起来可能较为可观，但与他在美国时期的收入相比，却简直是天壤之别。

要知道，早在二战期间，钱老在美国的工资就超过了两千美元，这还只是他在大学任教时的待遇，还未计算每年十万美元的科研分红和其他奖金。这笔巨款，即便放在今天，也是绝大多数人望尘莫及的高水平。

但在那个时代的人们，怀揣着最朴素的情怀，对金钱看得非常淡薄。而作为一位杰出的科学家，钱老在稿费方面的收入甚至超过了自己的工资。以1959年为例，钱老得到的稿费为3700元，而在1961年更是高达11568元。一般人可能会选择用这些钱来改善自己的生活，为后代购置房产或土地。钱老并没有选择这样做，他将所有的稿费都毫不犹豫地捐献了出去。不仅如此，他还把苏联授予他的礼金也全部捐赠给了祖国。更为令人钦佩的是，他与他人合作的稿件从不收取一分稿费，而是将稿费悉数分给合作伙伴。其中的"损失"可能高达数十万。

在中国科学院的一个小区里，有一栋普普通通的三居室，这里就是钱学森回国后的家。这个三居室虽然不豪华，但温馨而舒适。室内陈设简朴，书籍和科学杂志堆满了书架。每天清晨，钱学森会静静地坐在书桌前，沉浸在自己的研究中。他对科学事业的热爱和追求成为了他生活的主旋律。

邻居们都对钱学森敬佩有加。他们常常看到他早出晚归，专注于自己的科研工作。有时候，邻居们会看到他在小区的花园里散步，思考着复杂的科学问题。钱学森与邻居们的交往也很深入，他常常与他们分享科学的最新进展，引发了大家的热烈讨论。

钱学森的一生无疑是伟大而光辉的。他的科学功绩和高尚品质将永远被人们赞颂和

记忆。他毫不追逐物质的浮华，坚守着纯粹的科研精神，用智慧和奉献点燃了中国科技的火花。

正是由于像钱学森这样的老一辈科学家的不懈努力，中国才得以重新崛起。他们的精神和智慧构筑了中国现代科技的基石，为国家的繁荣富强奠定了坚实的基础。

只有不断地推动科技创新，才能让我们的国家在世界舞台上崭露头角。因此，我们需要更加努力地学习，不断地提高自身的科学素养，为国家的科技进步做出自己的贡献。我们需要以钱学森为榜样，用实际行动践行科学家的职责，为祖国的繁荣昌盛贡献自己的一份力量。

附：装配单元工作单

项目名称			装配单元的安装与调试			
姓名		学号		班级	小组	日期

一、资讯

1. 装配单元元件认知

前站已有	 磁性开关	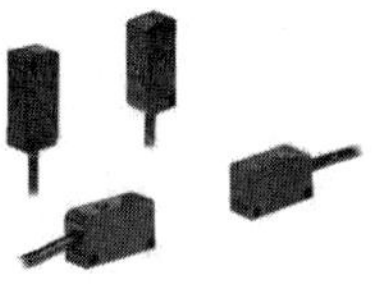 漫反射式光电传感器	 二位五通单电控电磁阀	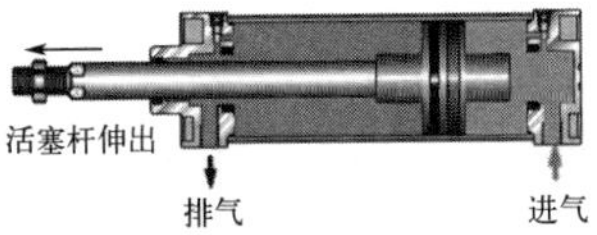 双作用气缸

元件		工作原理	问题
气动摆台	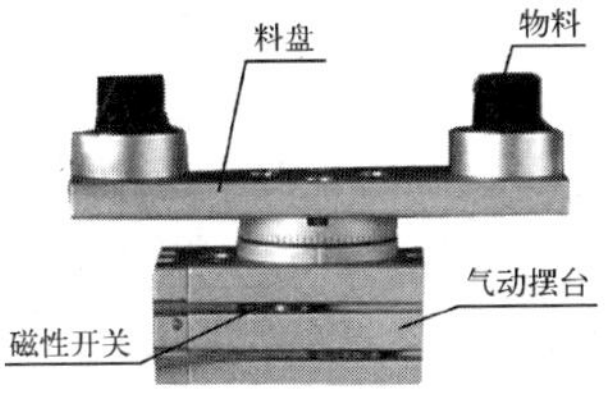		1. 功能 2. 摆动角度如何在范围内调节 3. 描述摆动过程，为下一步编程做准备
装配机械手	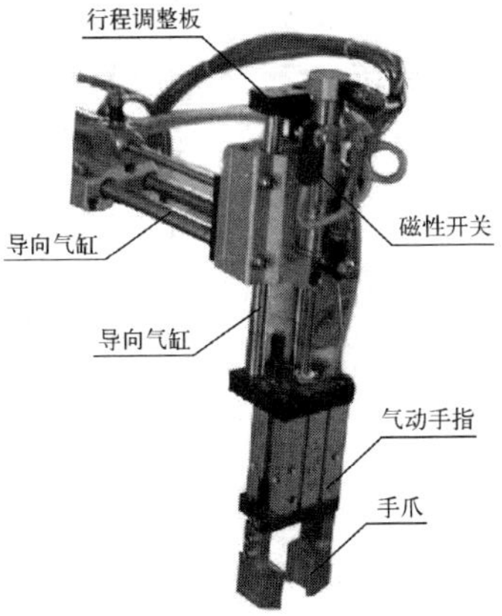		1. 功能 2. 共需实现几个自由度的运动？ 3. 描述摆动过程，为下一步编程做准备

2. 安全操作规范

安全操作规范		不规范的后果
气路操作	1. 气路连接完成、无错 2. 气路连接无漏气现象 3. 气管气缸节流阀调整合理、恰当 4. 气管有绑扎、气路连接规范	
电气操作	1. 端子连接、插针压接质量好，同一端子不超过 2 根导线，端子连接处有线号等 2. 电路图形符号规范 3. 电路接线有绑扎，电路接线不凌乱、条理、美观 4. 传感器接线正确	
设备操作	1. 装配完成，无紧固件松动现象 2. 推料/顶料气缸活塞杆返回时没有被卡住	
安全操作	1. 接线后，对照接线图检查完一遍，确认无差错后再上电 2. 设备要接地，强电要过载保护	
职业素养	1. 工具、元件、电线摆放合理 2. 线头、纸屑、灰尘打扫干净	

二、决策

按照 3～5 名同学一组进行分配，每组选出组长 1 名，组长对小组任务进行分配，组员根据任务职责完成相关任务。任务分配表如表 1 所示。

表 1　任务分工表

序号	任务描述	组员
1	机械组件安装与调试	
2	气动回路连接与调试	
3	电气回路接线与调试	
4	程序编写与调试	
5	资料整理	

三、计划

按照表 2 所示的工作计划表对装配单元的安装与调试进行记录。

表 2　工作计划表

步骤	内　　容	计划时间/h	实际时间/h	完成情况
1	整个练习的工作计划	0.25		
2	制订安装计划	0.25		
3	本单元任务描述和任务所需图纸与程序	1		
4	写材料清单和领料单	0.25		
5	机械部分安装与调试	1		
6	传感器安装与调试	0.25		
7	按照图纸进行电路安装	0.5		
8	气路安装	0.25		
9	气源与电源连接	0.25		
10	PLC 控制编程	1		
11	装配单元的人机界面设计	2		
12	按质量要求检查整个设备	0.25		
13	本单元各部分设备的通电、通气测试	0.25		
14	对老师发现和提出的问题进行回答	0.25		
15	输入程序，进行整个装置的功能调试	0.5		
16	如果必要，则排除故障	0.25		
17	该任务成绩的评估	0.5		

四、实施

1. 准备

在项目实施之前，有必要对装配单元中所使用的材料和工具进行认真检查。装配单元的元件检查清单如表 3 所示。

表 3　装配单元元件检查清单

已观看装配单元的 FLASH 视频?		□是	□否
已观看装配单元的安装视频?		□是	□否
已观看装配单元的现场工作?		□是	□否
元件名称	规格	数量	好坏
光电开关			
磁性开关			
顶料气缸			
挡料气缸			
手指气缸			
手爪伸缩气缸			
手爪升降气缸			
摆动气缸			
电磁阀组			
PLC			

2. 机械组装

按照下图所示组装顺序完成装配单元机械部分的安装，并填写安装调试工作单（表 4）。

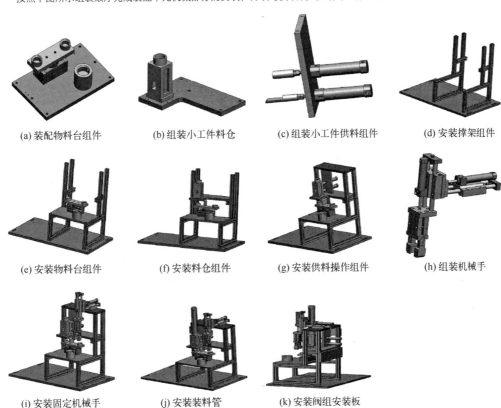

(a) 装配物料台组件　　(b) 组装小工件料仓　　(c) 组装小工件供料组件　　(d) 安装撑架组件

(e) 安装物料台组件　　(f) 安装料仓组件　　(g) 安装供料操作组件　　(h) 组装机械手

(i) 安装固定机械手　　(j) 安装装料管　　(k) 安装阀组安装板

装配单元机械安装的注意事项：
(1) 装配时要注意摆台的初始位置，以免装配完后摆动角度不到位，气动摆台要调整到 180°，并且与回转物料台平行。
(2) 安装时，铝型材要对齐。
(3) 导向气缸行程要调整恰当。
(4) 预留螺栓的放置一定要足够，以免造成组件之间不能完成安装。

（5）建议先进行装配，但不要一次拧紧各固定螺栓，待相互位置基本确定后，再依次进行调整固定。

表4　装配单元机械安装调试工作单

安装步骤	计划时间	实际时间	工具	是否返工，返工原因及解决方法
落料支撑架的安装				
回转物料台的安装				
装配机械手的安装				
装配台斗的安装				
警示灯的安装				
传感器的安装				
电磁阀的安装				
整体安装				
调试过程	工件落料是否准确 原因及解决方法：			
	回转台的回转位置是否到位 原因及解决方法：			
	机械手夹取工件是否准确 原因及解决方法：			
	零件嵌入工件位置是否有偏差 原因及解决方法：			
	传感器是否能正常检测 原因及解决方法：			
	气路是否能正常换向 原因及解决方法：			
	其他故障及解决方法：			

3. 气路连接

（1）按照如下装配单元的气动回路图连接气路。

（2）装配单元气动回路连接初态检查如表5所示。

表 5　装配单元气路安装与调试工作单

调试内容	是	否	不正确原因
气路连接是否有漏气现象			
顶料气缸伸出是否顺畅			
顶料气缸缩回是否顺畅			
挡料气缸伸出是否顺畅			
挡料气缸缩回是否顺畅			
手臂导向气缸伸出是否顺畅			
手臂导向气缸缩回是否顺畅			
手爪导向气缸提升是否顺畅			
手爪导向气缸下降是否顺畅			
手指气缸夹紧是否顺畅			
手指气缸松开是否顺畅			

4. 电气设计

(1) 完成装配单元 PLC 的 I/O 分配，填入表 6。

表 6　装配单元 PLC 的 I/O 分配表

输入信号				输出信号			
序号	PLC 输入点	信号名称	信号来源	序号	PLC 输出点	信号名称	信号来源
1	X000	物料不足检测	装置侧	1	Y000	挡料电磁阀	装置侧
2	X001	物料有无检测		2	Y001	顶料电磁阀	
3	X002	左盘物料检测		3	Y002	摆缸旋转电磁阀	
4	X003	右盘物料检测		4	Y003	手爪夹紧电磁阀	
5	X004	装配台物料检测		5	Y004	手爪下降电磁阀	
6	X005	顶料到位检测		6	Y005	手爪伸出电磁阀	
7	X006	顶料复位检测		7	Y006		
8	X007	挡料状态检测		8	Y007		
9	X010	落料状态检测		9	Y010	红色警示灯	
10	X011	摆动气缸左旋到位检测		10	Y011	橙色警示灯	
11	X012	摆动气缸右旋到位检测		11	Y012	绿色警示灯	
12	X013	手爪夹紧检测		12	Y013		
13	X014	手爪下降到位检测		13	Y014		
14	X015	手爪上升到位检测		14	Y015	HL1	按钮/指示灯模块
15	X016	手爪缩回到位检测		15	Y016	HL2	
16	X017	手爪伸出到位检测		16	Y017	HL3	
17	X020						
18	X021						
19	X022						
20	X023						
21	X024	停止按钮	按钮指示灯模块				
22	X025	启动按钮					
23	X026	急停按钮					
24	X027	单机/联机					

(2) 绘制 PLC 电气接线原理图（另附绘图纸），完成电气部分调试工作单（表 7）。

表 7　装配单元电气线路调试工作单

调试内容	正确	错误	原因
零件不足信号检测			
零件有无信号检测			
左转盘零件检测			
右转盘零件检测			

续表

调试内容	正确	错误	原因
装配台工件检测			
顶料到位检测			
顶料复位检测			
挡料状态检测			
落料状态检测			
回转气缸左限位检测			
回转气缸右限位检测			
手爪夹紧检测			
手爪下降到位检测			
手爪提升到位检测			
手臂缩回到位检测			
手臂伸出到位检测			

5. 编写 PLC 程序，并调试

（1）控制要求。

① 装配单元各气缸的初始位置为：挡料气缸处于伸出状态，顶料气缸处于缩回状态，料仓上已经有足够的小圆柱零件；装配机械手的升降气缸处于提升状态，伸缩气缸处于缩回状态，气爪处于松开状态。

设备上电和气源接通后，若各气缸满足初始位置要求，且料仓上已经有足够的小圆柱零件，工件装配台上没有待装配工件，则"正常工作"指示灯 HL1 常亮，表示设备准备好。否则，该指示灯以 1Hz 的频率闪烁。

② 若设备准备好，按下启动按钮，装配单元启动，"设备运行"指示灯 HL2 常亮。如果回转台上的左料盘内没有小圆柱零件，就执行下料操作；如果左料盘内有零件，而右料盘内没有零件，执行回转台回转操作。

③ 如果回转台上的右料盘内有小圆柱零件且装配台上有待装配工件，执行装配机械手抓取小圆柱零件，放入待装配工件中的操作。

④ 完成装配任务后，装配机械手应返回初始位置，等待下一次装配。

⑤ 若在运行过程中按下停止按钮，则供料机构应立即停止供料，在装配条件满足的情况下，装配单元在完成本次装配后停止工作。

⑥ 在运行中发生"零件不足"报警时，指示灯 HL3 以 1Hz 的频率闪烁，HL1 和 HL2 灯常亮；在运行中发生"零件没有"报警时，指示灯 HL3 以亮 1s、灭 0.5s 的方式闪烁，HL2 灯熄灭，HL1 灯常亮。

（2）在下载、运行程序前，必须认真检查程序。

在调试编程之前先要检查装配单元的初始状态是否满足要求，完成装配单元初态调试工作单（表 8）。

表 8 装配单元初态调试工作单

	调试内容	是	否	原因
1	顶料气缸是否处于缩回状态			
2	挡料气缸是否处于伸出状态			
3	物料仓内物料是否充足			
4	回转台位置是否正确			
5	手臂导向气缸是否处于缩回状态			
6	手爪导向气缸是否处于提升状态			
7	手指气缸是否处于松开状态			
8	物料台是否处于无工件状态			
9	HL1 指示灯状态是否正常			
10	HL2 指示灯状态是否正常			

（3）下载程序，完成运行状态功能调试（表 9）。

表 9 装配单元运行状态调试工作单

启动按钮按下后				
	调试内容	是	否	原因
1	HL1 指示灯是否点亮			
2	HL2 指示灯是否常亮			
3	物料盘有料时	顶料气缸是否动作		
		挡料气缸是否动作		

续表

	调试内容		是	否	原因
4	物料盘无料时	顶料气缸是否动作			
		挡料气缸是否动作			
5	物料仓内物料不足时	HL1 灯是否闪烁，1Hz			
		指示灯 HL2 保持常亮			
6	料仓内没有工件时	HL1 是否闪烁，2Hz			
		HL1 是否闪烁，2Hz			
7	右料盘无料时	回转气缸是否动作			
8	物料台有工件时	手臂导向气缸是否动作			
		手爪导向气缸是否动作			
		手指气缸是否动作			
9	物料台无工件时	手臂导向气缸是否动作			
		手爪导向气缸是否动作			
		手指气缸是否动作			
	料仓没有工件时，供料动作是否继续				
	停止按钮按下后				
1	HL1 指示灯是否常亮				
2	HL2 指示灯是否熄灭				
3	工作状态是否正常				

五、检查、评价

根据现场各小组的讨论汇报情况、具体实施情况以及最后的结果，按照表 10 对本次任务进行客观评价并记录。

表 10 评分表

评分表		工作形式 □个人 □小组分工 □小组	实际工作时间	
训练项目	训练内容	训练要求	学生自评	教师评分
装配单元	1. 工作计划与图纸（20分） 工作计划 材料清单 气路图 电路图 程序清单	电路绘制有错误，每处扣 0.5 分；机械手装置运动的限位保护没有设置或绘制有错误，扣 1.5 分；主电路绘制有错误，每处扣 0.5 分；电路图符号不规范，每处扣 0.5 分，最多扣 2 分		
	2. 部件安装与连接（20分）	装配未能完成，扣 2.5 分；装配完成，但有紧固件松动现象，扣 1 分		
	3. 连接工艺（20分） 电路连接工艺 气路连接工艺 机械安装及装配工艺	端子连接，插针压接不牢或超过 2 根导线，每处扣 0.5 分，端子连接处没有线号，每处扣 0.5 分，两项最多扣 3 分；电路接线没有绑扎或电路接线凌乱，扣 2 分；机械手装置运动的限位保护未接线或接线错误，扣 1.5 分；气路连接未完成或有错，每处扣 2 分；气路连接有漏气现象，每处扣 1 分；气缸节流阀调整不当，每处扣 1 分；气管没有绑扎或气管连接凌乱，扣 2 分		
	4. 测试与功能（30分） 落料功能 摆台转动功能 整个装置全面检测	启动/停止方式不按控制要求，扣 1 分；运行测试不满足要求，每处扣 0.5 分；工件送料测试，但推出位置明显偏差，每处扣 0.5 分		
	5. 职业素养与安全意识（10分）	现场操作安全保护符合安全操作规程；工具摆放、包装物品、导线线头等的处理符合职业岗位的要求；团队合作有分工、有合作，配合紧密；遵守纪律，尊重教师，爱惜设备和器材，保持工位的整洁		

项目五

分拣单元的安装与调试

知识目标

① 掌握分拣单元的工作过程。

② 掌握通用变频器基本工作原理，FR-E740 变频器的安装、接线和参数设置。

③ 掌握光电编码器的结构、特点及电气接口特性，并能正确进行安装和调试。掌握高速计数器的选用、程序编制和调试方法。

④ 掌握用步进指令编写选择性顺控程序的方法。

能力目标

① 能够独立完成分拣单元机械部件的组装。

② 能够正确绘制分拣单元的气动控制原理图，并正确安装气动控制回路。

③ 能够正确设计电气接线图，并正确连接。

④ 能够熟练使用变频器。

⑤ 能够正确编写分拣单元 PLC 控制程序，并学会调试程序。

⑥ 能够解决安装与运行过程中出现的常见问题。

思政素质目标

① 传承严谨细致、追求卓越的工匠精神。

② 养成吃苦耐劳、耐心细致的精神。

③ 养成敬业、精业、勤业、乐业的职业素养与道德。

④ 提高团结协作进行生产线安装调试的能力。

⑤ 提高自我提升及循序渐进学习的能力。

学习环节一

项目任务书

学习领域	自动化生产线的安装与调试		
学习项目	项目五　分拣单元的安装与调试		
学习小组	第　　　组		
工作过程描述	① 设备的工作目标是完成对白色芯金属工件、白色芯塑料工件和黑色芯塑料工件的分拣。为了在分拣时准确推出工件，要求使用旋转编码器做定位检测，并且工件材料和芯体颜色属性应在推料气缸前的适应位置被检测出来。 ② 设备上电和气源接通后，若工作单元的 3 个气缸均处于缩回位置，则"正常工作"指示灯 HL1 常亮，表示设备准备好。否则，该指示灯以 1Hz 的频率闪烁。 ③ 若设备准备好，按下启动按钮，系统启动，"设备运行"指示灯 HL2 常亮。当在传送带入料口手动放下已装配的工件时，变频器即可启动，驱动传动电机以 30Hz 的固定频率将工件带往分拣区。 ④ 如果工件为白色芯金属，则该工件到达 1 号滑槽中间，传送带停止，工件被推到 1 号槽中；如果工件为白色芯塑料，则该工件到达 2 号滑槽中间，传送带停止，工件对被推到 2 号槽中；如果工件为黑色芯塑料，则该工件到达 3 号滑槽中间，传送带停止，工件被推到 3 号槽中。工件被推出滑槽后，该工作单元的一个工作周期结束。仅当工件被推出滑槽后，才能再次向传送带下料。 　　如果在运行期间按下停止按钮，该工作单元在本工作周期结束后停止运行		
教学和 学习资源	学习资料	学习软件	实训设备
	教材、实训手册、任务书、 工作单、课程网站	GX-Developer-8.86/MCGS 安装包_7.7.1.1_V1.4	自动化生产线的安装与 调试实训室
教学组织	分组教学，一组 3～5 人，团队合作		
学习流程	分拣单元的元件认知 → 安全操作规范的熟悉 → 分解分拣的工作过程 → 分拣单元的设备安装 → 气路设计与连线调试 → 电路设计与接线调试 → 程序编制与系统调试 → 整理工作台		
学习过程	六步法	学生活动	教师活动
	资讯	确定项目负责人，接受任务，观看 FLASH 动画课件、视频以及整个过程动作，分组讨论，查阅相关资料，准确描述整个分拣单元的工作过程	提出工作任务，明确控制要求，负责对分拣单元的工作过程进行归纳，然后分发任务书
	决策、 计划	设计计划，项目计划符合目标要求，讨论方案的可行性，是否符合操作规范，最终确定工作计划。形成计划书一份	对学生给予实时的指导与评价，与学生交流发挥咨询者和协调人的作用
	实施	按照学习流程图开展顺序合理分工，逐项完成子任务，最后合作完成系统工作。形成过程监控记录一份	引导学生完成元器件的选型、电气线路的安全检查，加强与学生的交流，监控每个团队的工作进程，设置故障，激发学生思考，做好咨询者角色
	检查、 评价	展示成果，各小组对工作完成情况进行自评，并开展互评，取长补短，优化方案。同时根据工作记录写出工作总结，做 PPT 进行汇报	经常向学生了解情况，听取学生的反馈信息，在项目的进展过程中做好记录，在项目结束时进行评价

续表

提交材料	分拣单元电气接线图一份、分拣单元气动回路控制图一份、分拣单元 PLC 编程 I/O 分配表一份、分拣单元 PLC 程序一份、汇报 PPT 一份
考核要点	机械安装牢固可靠、电气接线无松动、电气图纸绘制标准、分拣单元动作正确无误。软件的使用：上传、下载、运行、通信设置、I/O 地址分配、硬件接线、程序的编写、调试
考核方式	小组的自我评价、教师对小组的评价、教师对个人的评价

📖 学习环节二

认识分拣单元

一、分拣单元的功能

分拣单元是 YL-335B 中的最后一个单元，用于对上一单元送来的已加工、装配的工件进行分拣，从而使不同颜色的工件从不同的料槽分流。当输送站送来工件放到传送带上，并被进料定位 U 形板内置的光纤传感器检测到时，即启动变频器，工件开始送入分拣区进行分拣。

二、分拣单元的结构

分拣单元的主要结构组成为传送和分拣机构、传动带驱动机构、变频器模块、电磁阀组、接线端口、PLC 模块、按钮/指示灯模块及底板等。其装置结构图如图 5-1 所示。

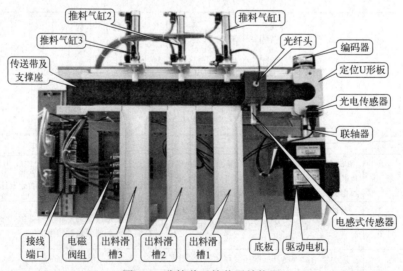

图 5-1 分拣单元的装置结构图

（1）传送和分拣机构

传送和分拣机构主要由传送带、出料滑槽、推料（分拣）气缸、进料检测（光电或光纤）

传感器、属性检测（电感式和光纤）传感器以及磁性开关组成。图 5-2 是尚未安装传感器的传送和分拣机构外形。其功能是把已经加工、装配好的工件从进料口输送至分拣区；通过属性检测传感器的检测，确定工件的属性，然后按工作任务要求进行分拣，把不同类别的工件推入 3 条物料槽中。

在每个料槽的对面都装有推料（分拣）气缸，把分拣出的工件推到对应的料槽中。在三个推料（分拣）气缸的前极限位置分别装有磁性开关，可根据该信号来判别分拣气缸当前所处位置。当推料（分拣）气缸将物料推出时磁性开关动作输出信号为"1"，反之，输出信号为"0"。

为了准确定位工件在传送带上的位置，在传送带进料口安装了定位 U 形板，用来纠偏机械手输送过来的工件并确定其初始位置。传送过程中工件移动的距离则通过对旋转编码器产生的脉冲进行高速计数确定。

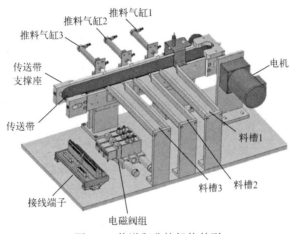

图 5-2　传送和分拣机构外形

（2）传动带驱动机构

传动带采用三相减速电机驱动，驱动机构包括电机支座、减速电机、弹性联轴器等，电机轴通过弹性联轴器与传送带主动轴连接，如图 5-3 所示。两轴的连接质量直接影响传送带运行的平稳性，安装时务必注意，必须确保两轴间的同心度。

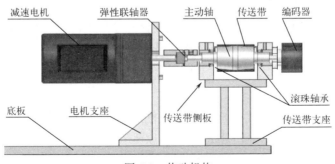

图 5-3　传动机构

三相异步电机是传动驱动机构的主要部分，电机转速的快慢由变频器来控制，其作用是驱动传送带从而输送物料。电机支架用于固定电机。联轴器将电机的轴和输送带主动轮的轴连接起来，从而组成一个传动机构。

    （3）电磁阀组和气动控制回路

    分拣单元的电磁阀组使用了 3 个单电控二位五通电磁阀，它们安装在汇流板上。这 3 个阀分别对三个出料槽的推动气缸的气路进行控制，以改变各自的动作状态。

三、分拣单元的工作过程

分拣单元的工作
过程描述

    ① 设备的工作目标是完成对白色芯金属工件、白色芯塑料工件和黑色芯塑料工件进行分拣。为了在分拣时准确推出工件，要求使用旋转编码器做定位检测，并且工件材料和芯体颜色属性应在推料气缸前的适应位置被检测出来。

    ② 设备上电和气源接通后，若工作单元的 3 个气缸均处于缩回位置，则"正常工作"指示灯 HL1 常亮，表示设备准备好。否则，该指示灯以 1Hz 的频率闪烁。

    ③ 若设备准备好，按下启动按钮，系统启动，"设备运行"指示灯 HL2 常亮。当在传送带入料口手动放下已装配的工件时，变频器即可启动，驱动传动电机以 30Hz 的固定频率将工件带往分拣区。

    ③ 如果工件为白色芯金属，则该工件对到达 1 号滑槽中间，传送带停止，工件被推到 1 号槽中；如果工件为白色芯塑料，则该工件到达 2 号滑槽中间，传送带停止，工件被推到 2 号槽中；如果工件为黑色芯塑料，则该工件到达 3 号滑槽中间，传送带停止，工件被推到 3 号槽中。工件被推出滑槽后，该工作单元的一个工作周期结束。仅当工件被推出滑槽后，才能再次向传送带下料。

    如果在运行期间按下停止按钮，该工作单元在本工作周期结束后停止运行。

📚 学习环节三

相关知识讲解

一、分拣单元的传感器

    分拣单元中所使用的光电开关和磁性开关传感器与供料单元一致，这里不再复述。下面主要讲解光纤传感器、电感式传感器和光电编码器。

    1. 光纤传感器

    （1）认识光纤传感器

光纤传感器的使用

    光纤传感器也被称为光纤式接近开关，是光电传感器的一种。光纤传感器由光纤检测头、光纤放大器两部分组成，其工作原理示意图如图 5-4 所示。投光元件和受光元件均在放大器内，投光元件发出的光线通过一条光纤内部从端面（光纤头）以约 60°的角度扩散，并照射到检测物体上；同样，反射回来的光线通过另一条光纤的内部回送到受光元件。光纤传感器可以实现对不同颜色物体的检测，这主要取决于放大器灵敏度的调节范围。当光纤传感器的灵敏度调得较小时，对于反射性较差的黑色物体，光纤放大器无法接收到反射信号；而对于反射性较好的白色物体，光纤放大器的光电探测器就可以接收到反射信号。从而可以通过调节光纤传感器的灵敏度来判别黑白两种颜色物体，将两种物料区分开，从而完成自动分拣工序。

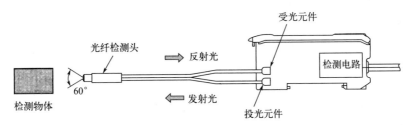

图 5-4　光纤传感器工作原理示意图

（2）光纤传感器的安装与调试

①　电气与机械安装　安装过程中，首先将光纤检测头固定，将光纤放大器安装在导轨上，然后将光纤检测头尾端的两条光纤分别插入放大器的两个光纤孔。然后根据图 5-5 进行电气接线。接线时请注意根据导线颜色判断电源极性和信号输出线，切勿将信号输出线直接连接到电源+24V 端。

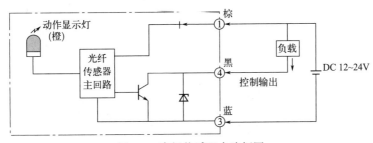

图 5-5　光纤传感器电路框图

②　放大器单元的安装和拆卸　图 5-6 所示是一个放大器的安装过程。

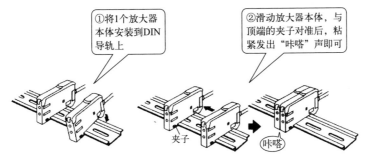

图 5-6　E3Z-NA 的放大器安装过程

拆卸时，以相反的过程进行。注意，在连接了光纤的状态下，请不要从 DIN 导轨上拆卸。

③　光纤的装卸　进行连接或拆卸的时候，注意一定要切断电源，然后按下面方法进行装卸，有关安装部位如图 5-7 所示。

a. 安装光纤：抬高保护罩，提起固定按钮，将光纤顺着放大器单元侧面的插入位置记号进行插入，然后放下固定按钮。

自动化生产线的安装与调试（第三版）

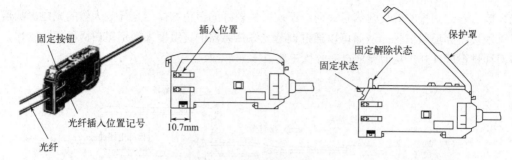

图 5-7　光纤的装卸示意图

b. 拆卸光纤：抬起保护罩，提升固定按钮时可以将光纤取下来。

④ 灵敏度的调整　光纤传感器的放大器的灵敏度调节范围较大。当光纤传感器的灵敏度调得较小时，对于反射性较差的黑色物体，光电探测器无法接收到反射信号，而对于反射性较好的白色物体，光电探测器就可以接收到反射信号。反之，若调高光纤传感器的灵敏度，则即使对反射性较差的黑色物体，光电探测器也可以接收到反射信号。如何来进行调试呢？图5-8 给出了光纤放大器的俯视图，调节灵敏度高速旋钮就能进行放大器灵敏度的调节。调节时，会看到"入光量显示灯"发光的变化。在检测距离固定后，当白色工件出现在光纤检测头下方时，"动作显示灯"亮，提示检测到工件，当黑色工件出现在光纤检测头下方时，"动作显示灯"不亮。至此，光纤传感器调试完成。

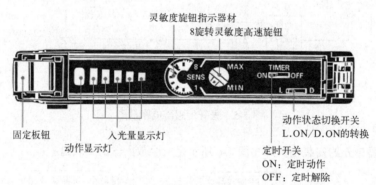

图 5-8　光纤放大器的俯视图

2. 电感式传感器

在自动化生产线的供料单元中，为了检测待加工工件是否为金属材料，常常会使用电感式传感器。电感式传感器是利用电涡流效应制成的有开关量输出的位置传感器。电涡流效应是指金属物体处于一个交变的磁场中时，在金属内部会产生交变的电涡流，该涡流又会反作用于产生它的磁场这样一种物理效应。如果这个交变的磁场是由一个电感线圈产生的，则这个电感线圈中的电流就会发生变化，用于平衡涡流产生的磁场。

电感式传感器的使用

利用这一原理，以高频振荡器（LC 振荡器）中的电感线圈作为检测元件，当被测金属物体接近电感线圈时产生了电涡流效应，使物体内部产生电涡流。这个电涡流反作用于接近开关，使接近开关振荡能力衰减，内部电路的参数发生变化，引起振荡器振幅或频率的变化，由传感器的信号调理电路（包括检波、放大、整形、输出等电路）将该变化转换成开关量输出，从而达到检测目的。电感式传感器的工作原理框图如图 5-9 所示。

094

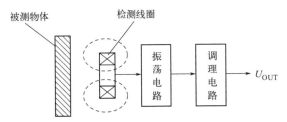

图 5-9　电感式传感器的工作原理框图

在电感式传感器的选用和安装中，必须认真考虑检测距离、设定距离，进而保证生产线上的传感器可靠动作。安装距离注意说明如图 5-10 所示。

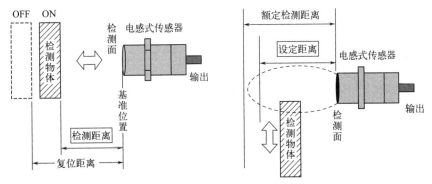

图 5-10　安装距离注意说明

3. 光电编码器

在 YL-335B 型自动化生产线的分拣单元的控制中，传送带定位控制是由光电编码器来完成的。同时，光电编码器还要完成电机转速的测量。光电编码器是通过光电转换，将机械、几何位移量转换成脉冲或数字量的传感器，它主要用于速度或位置（角度）的检测。典型的光电编码器由码盘、检测光栅、光电转换电路（包括光源、光敏器件、信号转换电路）、机械部件等组成。一般来说，光电编码器根据产生脉冲的方式不同，可以分为增量式、绝对式以及复合式三大类。

光电编码器的使用

① 增量式光电编码器：用于输出"电脉冲"表征位置和角度信息。一圈内的脉冲数代表了分辨率。位置的确定则是依靠累加相对某一参考位置的输出脉冲数得到的。初始上电时，需要找一个相对零位来确定绝对的位置信息。

② 绝对式光电编码器：通过输出唯一的数字码来表征绝对位置、角度或转数信息。这种编码器将唯一的数字码分配给每一个确定角度。圈内的这些数字码的个数代表了单圈的分辨率。因为绝对位置是用唯一的码表示的，因此不需要初始参考点。该种编码器有单圈绝对型和多圈绝对型两种。

增量式光电编码器在自动线上的应用十分广泛，其结构如图 5-11 所示。

光电编码器的码盘条纹数决定了传感器的最小分辨角度，即分辨角 $\alpha=360°$/条纹数。如条纹数为 500，则分辨角 $\alpha=360°/500=0.72°$。在光电编码器的检测光栅上有两组条纹 A 和 B，A、B 条纹错开 1/4 节距，两组条纹对应的光敏元件所产生的信号彼此相差 90°，用于辨向。同时还有用作参考零位的 Z 相标志（指示）脉冲信号，码盘每旋转一周，只发出一个标志信号。标志脉冲通常用来指示机械位置或对积累量清零，其输出波形图如图 5-12 所示。

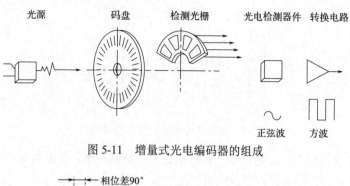

图 5-11　增量式光电编码器的组成

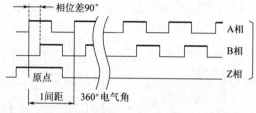

图 5-12　增量式光电编码器输出脉冲示意图

　　YL-335B 的分拣单元使用了这种具有 A、B 两相 90°相位差的通用型旋转编码器，用于计算工件在传送带上的位置。编码器直接连接到传送带主动轴上。该旋转编码器的三相脉冲采用 NPN 型集电极开路输出，分辨率为 500 线，工作电源为 DC 12～24V。本工作单元没有使用 Z 相脉冲，A、B 两相输出端直接连接到 PLC 的高速计数器输入端。

　　计算工件在传送带上的位置时，需确定每两个脉冲之间的距离即脉冲当量。分拣单元主动轴的直径为 d=43mm，则减速电机每旋转一周，传送带上工件的移动距离 L=π×d=3.14×43mm=135.02mm。故脉冲当量 u=L/500=0.27mm。分拣单元的安装尺寸如图 5-13 所示。当工件从下料口中心线移至传感器中心时，旋转编码器约发出 460 个脉冲；移至第一个推杆中心点时，约发出 900 个脉冲；移至第二个推杆中心点时，约发出 1200 个脉冲；移至第三个推杆中心点时，约发出 1500 个脉冲。

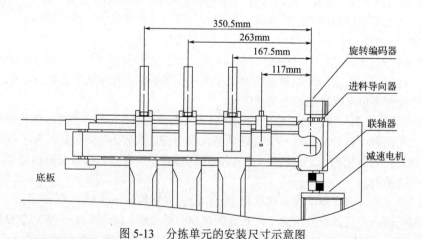

图 5-13　分拣单元的安装尺寸示意图

二、分拣单元的气动元件

　　在分拣单元中，气动元件为标准气缸，这在项目二中已经讲解了。

三、变频器的使用

1. 变频器的工作原理

通用变频器是如何来实现电机的方向及速度控制的？变频器控制输出正弦波的驱动电源是以恒电压频率比（U/f）保持磁通不变为基础的，经过正弦波脉宽调制（SPWM）驱动主电路，以产生 U、V、W 三相交流电驱动三相交流异步电机。

什么是 SPWM？如图 5-14 所示，它先将 50Hz 交流经变压器得到所需的电压后，经二极管整流桥和 LC 滤波，形成恒定的直流电压，再送入 6 个大功率晶体管构成的逆变器主电路，输出三相频率和电压均可调整的等效于正弦波的脉宽调制波（SPWM 波），即可拖动三相异步电机运转。

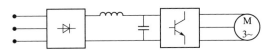

图 5-14　交-直-交变压变频器的原理框图

什么是等效于正弦波的脉宽调制波？如图 5-15 所示，把正弦半波分成 n 等份，每一区间的面积用与其相等的等幅不等宽的矩形面积代替，则矩形脉冲所组成的波形就与正弦波等效。正弦波的正负半周均如此处理。

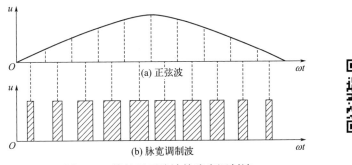

图 5-15　等效于正弦波的脉宽调制波

变频器的使用

那么怎样产生图 5-15（b）所示脉宽调制波？SPWM 调制的控制信号为幅值和频率均可调的正弦波，载波信号为三角波，如图 5-16（a）所示，该电路采用正弦波控制、三角波调制。当控制电压高于三角波电压时，比较器输出电压 u_d 为"高"电平，否则输出"低"电平。

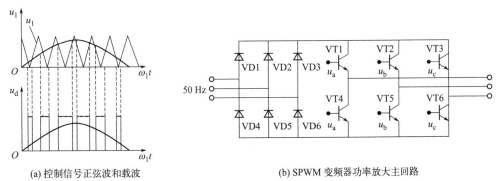

(a) 控制信号正弦波和载波　　　　　(b) SPWM 变频器功率放大主回路

图 5-16　SPWM 变频器工作原理及电气简图

以 A 相为例，只要正弦控制波的最大值低于三角波的幅值，就导通 VT1，封锁 VT4，这样就输出等幅不等宽的 SPWM 脉宽调制波。

SPWM 制波经功率放大才能驱动电机。在图 5-16（b）所示 SPWM 变频器功率放大主回路中，左侧的桥式整流器将工频交流电变成直流恒值电压，给图中右侧逆变器供电。等效正弦脉宽调制波 u_a、u_b、u_c 送入 VT1～VT6 的基极，则逆变器输出脉宽按正弦规律变化的等效矩形电压波，经过滤波变成正弦交流电，用来驱动交流伺服电机。

2. 认识 FR-E740 变频器

（1）FR-E740 变频器的安装和接线

在使用三菱 PLC 的 YL-335B 设备中，变频器选用三菱 FR-E700 系列变频器中的 FR-E74-1.5K-CHT 型变频器，该变频器的额定电压等级为三相 400V，适用电机容量 1.5kW 及以下的电机。FR-E740 变频器的外观和型号的定义如图 5-17 所示。

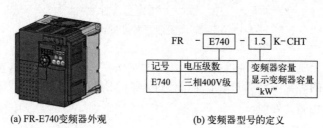

(a) FR-E740变频器外观　　　　(b) 变频器型号的定义

图 5-17　FR-E740 变频器

FR-E740 系列变频器主电路的通用接线如图 5-18 所示。

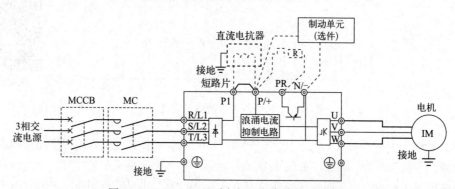

图 5-18　FR-E740 系列变频器主电路的通用接线

图中有关说明如下：

① 端子 P1、P/+ 之间用以连接直流电抗器，不连接时，两端子间短路。

② P/+ 与 PR 之间用以连接制动电阻器，P/+ 与 N/− 之间用以连接制动单元（选件）。YL-335B 设备均未使用，故用虚线画出。

③ 进行主电路接线时，应确保输入、输出端不能接错，即电源线必须连接至 R/L1、S/L2、T/L3，绝对不能接 U、V、W，否则会损坏变频器。

FR-E740 系列变频器控制电路的接线图如图 5-19 所示。

图 5-19 中，控制电路端子分为控制输入、频率设定（模拟量输入）、继电器输出（异常输出）、集电极开路输出（状态检测）和模拟电压输出等五部分，各端子的功能可通过调整

相关参数的值进行变更。在出厂初始值的情况下，各控制电路端子的功能说明如表 5-1～表
5-3 所示。

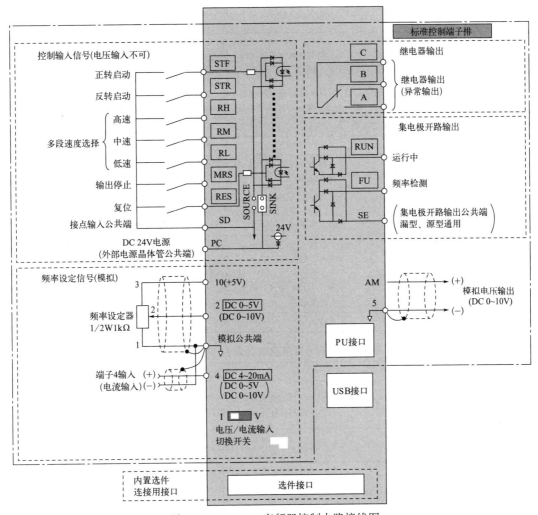

图 5-19 FR-E740 变频器控制电路接线图

表 5-1 控制电路输入端子的功能说明

种类	端子编号	端子名称	端子功能说明	
控制输入	STF	正转启动	STF 信号 ON 时为正转、OFF 时为停止指令	STF、STR 信号同时 ON 时变成停止指令
	STR	反转启动	STR 信号 ON 时为反转、OFF 时为停止指令	
	RH RM RL	多段速度选择	用 RH、RM 和 RL 信号的组合可以选择多段速度，分别表示高速、中速和低速	
	MRS	输出停止	MRS 信号 ON（20ms 或以上）时，变频器输出停止	
	RES	复位	用于解除保护电路动作时的报警输出。请使 RES 信号处于 ON 状态 0.1 s 或以上，然后断开；初始设定为始终可进行复位，但进行了 Pr.75 的设定后，仅在变频器报警发生时可进行复位。复位时间约为 1 s	

续表

种类	端子编号	端子名称	端子功能说明
控制输入	SD	接点输入公共端（漏型）（初始设定）	接点输入端子（漏型逻辑）的公共端子
		外部电源晶体管公共端（源型）	晶体管输出采用源型逻辑，如连接可编程控制器（PLC）时，可将晶体管输出用的外部电源公共端接到端子时，可以防止因漏电引起的误动作
		DC 24V 电源公共端	DC 24V、0.1A 电源（端子 PC）的公共输出端子，与端子 5 及端子 SE 绝缘
	PC	外部电源晶体管公共端（漏型）（初始设定）	晶体管输出采用漏型逻辑，如连接可编程控制器（PLC）时，可将晶体管输出用的外部电源公共端接到该端子时，可以防止因漏电引起的误动作
		接点输入公共端（源型）	接点输入端子（源型逻辑）的公共端子
		DC 24V 电源	可作为 DC 24V、0.1A 的电源使用
频率设定	10	频率设定用电源	作为外接频率设定（速度设定）用电位器时的电源使用（按照 Pr.73 模拟量输入选择）
	2	频率设定（电压）	如果输入 DC 0～5V（或 0～10V），在 5V（10V）时为最大输出频率，输入、输出成正比。通过 Pr.73 进行 DC 0～5V（初始设定）和 DC 0～10V 输入的切换操作
	4	频率设定（电流）	若输入 DC 4～20mA（或 0～5V，0～10V），在 20mA 时为最大输出频率，输入、输出成正比。只有 AU 信号为 ON 时端子 4 的输入信号才会有效（端子 2 的输入将无效）。通过 Pr.267 进行 4～20mA（初始设定）和 DC 0～5V、DC 0～10V 输入的切换操作。电压输入（0～5V/0～10V）时，请将电压/电流输入切换开关切换至"V"
	5	频率设定公共端	频率设定信号（端子 2 或 4）及端子 AM 的公共端子。请勿接大地

表 5-2 控制电路接点输出端子的功能说明

种类	端子记号	端子名称	端子功能说明	
继电器输出	A、B、C	继电器输出（异常输出）	指示变频器因保护功能动作时输出停止的 1c 接点输出。异常时：B-C 间不导通（A-C 间导通）。正常时：B-C 间导通（A-C 间不导通）	
集电极开路输出	RUN	变频器正在运行	变频器输出频率大于或等于启动频率（初始值 0.5Hz）时为低电平，已停止或正在直流制动时为高电平	
	FU	频率检测	输出频率大于或等于任意设定的检测频率时为低电平，未达到为高电平	
	SE	集电极开路输出公共端	端子 RUN、FU 的公共端子	
模拟电压输出	AM	模拟电压输出	可以从多种监视项目中选一种作为输出。变频器复位中不被输出。输出信号与监视项目的大小成比例	输出项目：输出频率（初始设定）

表 5-3 控制电路网络接口的功能说明

种类	端子记号	端子名称	端子功能说明
RS-485	×	PU 接口	通过 PU 接口，可进行 RS-485 通信。 ·标准规格：EIA-485（RS-485） ·传输方式：多站点通信 ·通信速率：4800～38400bit/s ·总长距离：500m
USB	×	USB 接口	与个人计算机通过 USB 连接后，可以实现 FR Configurator 的操作。 ·接口：USB 1.1 标准 ·传输速度：12Mbit/s ·连接器：USB 迷你-B 连接器（插座：迷你-B 型）

(2) 变频器的操作面板的操作训练

① FR-E700 系列的操作面板 使用变频器前，首先要熟悉其面板显示和键盘操作单元（或称控制单元），并且按使用现场的要求合理设置参数。FR-E700 系列变频器的参数设置通常利用固定在其上的操作面板（不能拆下）实现，也可以使用连接到变频器 PU 接口的参数单元（FR-PU07）实现。使用操作面板可以进行运行方式、频率的设定，运行指令监视，参数设定，错误表示等。操作面板如图 5-20 所示，其上半部为面板显示器，下半部为 M 旋钮和各种按键。它们的具体功能分别如表 5-4 和表 5-5 所示。

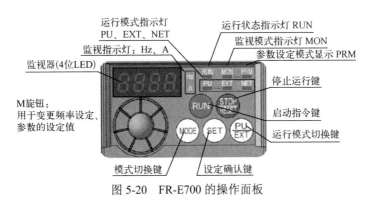

图 5-20 FR-E700 的操作面板

表 5-4 运行状态显示

显 示	功 能
运行模式显示	PU：PU 运行模式时亮灯； EXT：外部运行模式时亮灯； NET：网络运行模式时亮灯
监视器（4 位 LED）	显示频率、参数编号等
监视数据单位显示	Hz：显示频率时亮灯；A：显示电流时亮灯 （显示电压时熄灯，显示设定频率监视时闪烁）
运行状态显示 RUN	变频器动作中亮灯或者闪烁。其中： 亮灯：表示正转运行中。 缓慢闪烁（1.4s 循环）：表示反转运行中。 下列情况下出现快速闪烁（0.2s 循环）： • 按键或输入启动指令都无法运行时； • 有启动指令，但频率指令在启动频率以下时； • 输入了 MRS 信号时
参数设定模式显示 PRM	参数设定模式时亮灯
监视器显示 MON	监视模式时亮灯

表 5-5 旋钮、按键功能

旋钮和按键	功 能
M 旋钮（三菱变频器旋钮）	旋动该旋钮用于变更频率设定、参数的设定值。按下该旋钮可显示以下内容：①监视模式时的设定频率；②校正时的当前设定值；③报警历史模式时的顺序
模式切换键 MODE	用于切换各设定模式。与运行模式切换键同时按下也可以用来切换运行模式。长按此键（2s）可以锁定操作
设定确认键 SET	各设定的确认键 此外，在运行中按此键则监视器出现以下显示： 运行频率 → 输出电流 → 输出电压

旋钮和按键	功　能
运行模式切换键 PU/EXT	用于切换 PU/外部运行模式。 使用外部运行模式（通过另接的频率设定电位器和启动信号启动的运行）时请按此键，则表示运行模式的 EXT 处于亮灯状态；切换至组合模式时，可同时按 MODE 键 0.5s，或者变更参数 Pr.79
启动指令键 RUN	在 PU 模式下，按此键启动运行。 通过 Pr.40 的设定，可以选择旋转方向
停止/复位键 STOP/RESET	在 PU 模式下，按此键停止运转。 保护功能（严重故障）生效时，也可以进行报警复位

② 变频器的运行模式　由表 5-4 和表 5-5 可见，在变频器不同的运行模式下，各种按键、M 旋钮的功能各异。所谓运行模式是指对输入到变频器的启动指令和设定频率的命令来源的指定。

一般来说，使用控制电路端子、在外部设置电位器和开关来进行操作的是"外部运行模式"，使用操作面板或参数单元输入启动指令、设定频率的是"PU 运行模式"，通过 PU 接口进行 RS-485 通信或使用通信选件的是"网络运行模式（NET 运行模式）"。在进行变频器操作之前，只有了解其各种运行模式才能进行各项操作。

FR-E700 系列变频器通过参数 Pr.9 的值来指定变频器的运行模式，设定值范围为 0、1、2、3、4、6、7，这 7 种运行模式的内容以及相关 LED 指示灯的状态如表 5-6 所示。

表 5-6　运行模式选择（Pr.79）

设定值	内　容		LED 显示状态（■：灭灯　□：亮灯）
0	外部/PU 切换模式：通过 PU/EXT 键可切换 PU 与外部运行模式 注意：接通电源时为外部运行模式		外部运行模式：EXT　　　PU 运行模式：PU
1	固定为 PU 运行模式		PU
2	固定为外部运行模式，可以在外部、网络运行模式间切换运行		外部运行模式：EXT　　　网络运行模式：NET
3	外部/PU 组合运行模式 1		
	频率指令	启动指令	
	用操作面板设定或用参数单元设定，或外部信号输入[多段速设定，端子 4-5 间（AU 信号 ON 时有效）]	外部信号输入（端子 STF、STR）	PU　EXT
4	外部/PU 组合运行模式 2		
	频率指令	启动指令	
	外部信号输入（端子 2、4、JOG、多段速选择等）	通过操作面板的 RUN 键或通过参数单元的 FWD、REV 键来输入	
6	切换模式：可以在保持运行状态的同时，进行 PU 运行、外部运行、网络运行的切换		PU 运行模式：PU 外部运行模式：EXT 网络运行模式：NET
7	外部运行模式（PU 运行互锁）。 X12 信号 ON 时，可切换到 PU 运行模式（外部运行中输出停止）。 X12 信号 OFF 时，禁止切换到 PU 运行模式		PU 运行模式：PU 外部运行模式：EXT

变频器出厂时，参数 Pr.79 设定值为 0。当停止运行时，用户可以根据实际需要修改其设定值。

修改 Pr.79 设定值的一种方法是，同时按住 MODE 键和 PU/EXT 键 0.5s，然后旋动 M 旋钮，选择合适的 Pr.79 参数值，再用 SET 键确定。图 5-21 所示是把 Pr.79 设定为 4（外部/PU 组合运行模式 2）的例子。

如果分拣单元的机械部分已经装配好，在完成主电路接线后，即可用变频器直接驱动电机试运行。当 Pr.79=4 时，把调速电位器的 3 个引出端分别连接到变频器的 10、2、5 端子（滑动臂引出端连接端子 2），接通电源后，按启动指令键 RUN 即可启动电机，旋动调速电位器即可连续调节电机转速。

在分拣单元的机械部分装配完成后，进行电机试运行是必要的，这可以检查机械装配的质量，以便做进一步的调整。

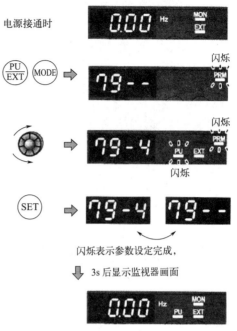

图 5-21　修改变频器的运行模式参数示例

③ 设定参数的操作方法　变频器参数的出厂设定值被设置为完成简单的变速运行。如需按照负载和操作要求设定参数，则应进入参数设定模式，先选定参数号，然后设置其参数值。设定参数分两种情况：一种是停机 STOP 方式下重新设定参数，这时可设定所有参数；另一种是在运行时设定，这时只允许设定部分参数，但是可以核对所有参数号及参数。图 5-22 所示是参数设定过程的一个例子，所完成的操作是把参数 Pr.1（上限频率）从出厂设定值 120.0Hz 变更为 50.0Hz，假定当前运行模式为外部/PU 切换模式（Pr.79=0）。

（3）常用参数设置训练

FR-E700 系列变频器有几百个参数，实际使用时，只需根据使用现场的要求设定部分参数，其余按出厂设定即可。一些常用参数，如变频器的运行环境，驱动电机的规格、运行的限制，参数的初始化，电机的启动、运行和调速、制动等命令的来源，频率的设置等方面，应该熟练掌握。

下面根据分拣单元工艺过程对变频器的要求，介绍一些常用参数的设定。关于参数设定更详细的说明请参阅 FR-E700 使用手册。

① 输出频率的限制（Pr.1、Pr.2、Pr.18）　为了限制电机的速度，应对变频器的输出频率加以限制。用 Pr.1"上限频率"和 Pr.2"下限频率"来设定，可将输出频率的上、下限钳位。

当在 120Hz 以上运行时，用参数 Pr.18"高速上限频率"设定高速输出频率的上限。

Pr.1 与 Pr.2 的出厂设定范围为 0～120Hz，出厂设定值分别为 120Hz 和 0Hz。Pr.18 的出厂设定范围为 120～400Hz。输出频率和设定值的关系如图 5-23 所示。

② 加减速时间（Pr.7、Pr.8、Pr.20、Pr.21）　各参数的意义、出厂设定及设定范围如表 5-7 所示。

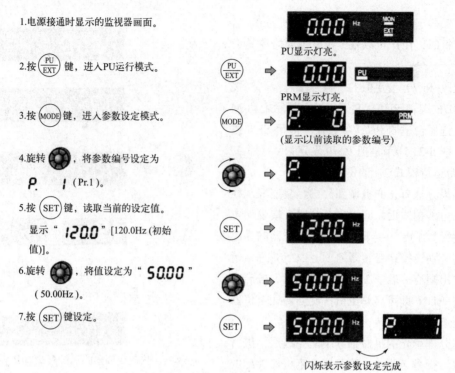

1. 电源接通时显示的监视器画面。

2. 按 $\dfrac{PU}{EXT}$ 键，进入PU运行模式。

PU显示灯亮。

3. 按 MODE 键，进入参数设定模式。

PRM显示灯亮。

（显示以前读取的参数编号）

4. 旋转 ，将参数编号设定为 $P.\ 1$（Pr.1）。

5. 按 SET 键，读取当前的设定值。显示 " 120.0 "[120.0Hz（初始值）]。

6. 旋转 ，将值设定为 " 50.00 "（50.00Hz）。

7. 按 SET 键设定。

闪烁表示参数设定完成

图 5-22　变更参数的设定值示例

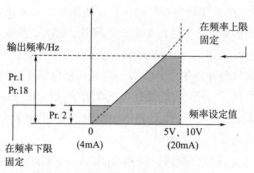

图 5-23　输出频率与设定值的关系

表 5-7　加减速时间相关参数的意义、出厂设定及设定范围

参数号	参数意义	出厂设定	设定范围	备　　注
Pr.7	加速时间	5s	0～3600/360s	根据Pr.21加减速时间单位的设定值进行设定。初始值的设定范围为"0～3600"、设定单位为"0.1s"
Pr.8	减速时间	5s	0～3600/360s	
Pr.20	加/减速基准频率	50Hz	1～400Hz	
Pr.21	加/减速时间单位	0	0, 1	0：0～3600s；单位：0.1s 1：0～360s；单位：0.01 s

设定说明：

a. Pr.20 为加/减速的基准频率，在我国选为 50Hz。

b. Pr.7 加速时间用于设定从停止到 Pr.20 加/减速基准频率的加速时间。

c. Pr.8 减速时间用于设定从 Pr.20 加/减速基准频率到停止的减速时间。

d. 直流制动（Pr.10～Pr.12）　在分拣过程中，若工作任务要求减速时间不能太小，且在工件高速移动下准确定位停车，以便把工件推出，这时常常需要使用直流制动方式。

直流制动是通过向电机施加直流电压来使电机轴不转动的。其参数包括：动作频率的设定（Pr.10）、动作时间的设定（Pr.11）、动作电压（转矩）的设定（Pr.12）。

各参数的意义及设定范围如表 5-8 所示。

表 5-8　直流制动参数的意义及设定范围

参数编号	名　称	初　始　值		设定范围	内　容
Pr.10	直流制动动作频率	3Hz		0～120Hz	直流制动的动作频率
Pr.11	直流制动动作时间	0.5s		0	无直流制动
				0.1～10s	直流制动的动作时间
Pr.12	直流制动动作电压	0.4～7.5kV	4%	0%～30%	直流制动电压（转矩）设定为"0"时，无直流制动

③ 多段速运行模式的操作　变频器在外部运行模式或组合运行模式 2 下，变频器可以通过外接的开关器件的组合通断改变输入端子的状态来实现调速。这种控制频率的方式称为多段速控制功能。

FR-E740 变频器的速度控制端子是 RH、RM 和 RL。通过这些开关的组合可以实现 3 段、7 段的控制。

转速的切换：由于转速的挡次是按二进制的顺序排列的，故 3 个输入端可以组合成 3～7 挡（0 状态不计）转速。其中，3 段速由 RH、RM、RL 单个通断来实现，7 段速由 RH、RM、RL 通断的组合来实现。

7 段速的各自运行频率则由参数 Pr.4～Pr.6（设置前 3 段速的频率）、Pr.24～Pr.27（设置第 4 段速至第 7 段速的频率）。对应的控制端状态及参数关系如图 5-24 所示。

多段速度在 PU 运行和外部运行中都可以设定。运行期间参数值也能被改变。

在 3 速设定的场合，2 速以上同时被选择时，低速信号的设定频率优先。

参数编号	初始值	设定范围	备注
Pr.4	50Hz	0~400Hz	
Pr.5	30Hz	0~400Hz	
Pr.6	10Hz	0~400Hz	
Pr.24~Pr.27	9999	0~400Hz、9999	9999　未选择

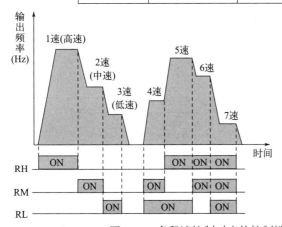

图 5-24　多段速控制对应的控制端状态及参数关系

105

④ 通过模拟量输入（端子2、4）设定频率　分拣单元变频器的频率设定，除了用 PLC 输出端子控制多段速度设定外，也有连续设定频率的需求。例如，在变频器安装和接线完成进行运行试验时，常用调速电位器连接到变频器的模拟量输入信号端进行连续调速试验。此外，在触摸屏上指定变频器的频率，则此频率也应该是连续可调的。需要注意的是，如果要用模拟量输入（端子2、4）设定频率，则 RH、RM、RL 端子应断开，否则多段速度设定优先。

a. 模拟量输入信号端子的选择。

FR-E700 系列变频器提供两个模拟量输入信号端子（端子2、4）用作连续变化的频率设定。在出厂设定的情况下，只能使用端子2，端子4无效。

要使端子4有效，需要在各接点输入端子 STF、STR、…、RES 之中选择一个，将其功能定义为 AU 信号输入，则当这个端子与 SD 端短接时，AU 信号为 ON，端子4变为有效，端子2变为无效。

例：RES 端子用作 AU 信号输入，则设置参数 Pr.184="4"，在 RES 端子与 SD 端子之间连接一个开关。当此开关断开时，AU 信号为 OFF，端子2有效；反之，当此开关接通时，AU 信号为 ON，端子4有效。

b. 模拟量信号的输入规格。

如果使用端子2，模拟量信号可为 0～5V 或 0～10V 的电压信号，用参数 Pr.73 指定，其出厂设定值为1，指定为 0～5V 的输入规格，并且不能可逆运行。参数 Pr.73 的取值范围为 0、1、10、11，具体内容如表 5-9 所示。

表 5-9　模拟量输入选择（Pr.73）

参数编号	名　称	初始值	设定范围	内　容	
73	模拟量输入选择	1	0	端子2输入 0～10V	无可逆运行
			1	端子2输入 0～5V	
			10	端子2输入 0～10V	有可逆运行
			11	端子2输入 0～5V	

如果使用端子4，模拟量信号可为电压输入（0～5V、0～10V）或电流输入（4～20mA 初始值），用参数 Pr.267 和电压/电流输入切换开关设定，并且要输入与设定相符的模拟量信号。Pr.267 的取值范围为 0、1、2，具体内容如表 5-10 所示。

必须注意，若发生切换开关与输入信号不匹配的错误（如开关设定为电流输入，但端子输入却为电压信号）时，则会导致外部输入设备或变频器故障。

对于频率设定信号（DC 0～5V、0～10V 或 4～20mA）的相应输出频率的大小可用参数 Pr.125（对端子2）或 Pr.126（对端子4）设定，用于确定输入增益（最大）的频率。它们的出厂设定值均为 50Hz，设定范围为 0～400Hz。

表 5-10　模拟量输入选择（Pr.267）

参数编号	名　称	初始值	设定范围	电压/电流输入切换开关	内　容
267	端子4输入选择	0	0	I〔▨〕V	端子4输入 4～20mA
			1	I〔▨〕V	端子4输入 0～5V
			2	I〔▨〕V	端子4输入 0～10V

注：电压输入时，输入电阻为 10kΩ±1kΩ、最大容许电压为 DC 20V；电流输入时，输入电阻为 233Ω±5Ω、最大容许电流为 30mA。

⑤ 参数清除 如果用户在参数调试过程中遇到问题，并且希望重新开始调试，可用参数清除操作实现，即在 PU 运行模式下，设定 Pr.CL 参数清除、ALLC 参数全部清除均为 1，可使参数恢复为初始值，但如果设定 Pr.77 参数写入选择 1，则无法清除。

参数清除操作需要在参数设定模式下，用 M 旋钮选择参数编号为 Pr.CL 和 ALLC，并将它们的值均置为 1，操作步骤如图 5-25 所示。

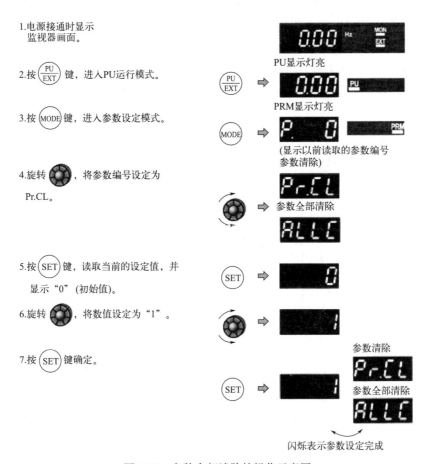

图 5-25 参数全部清除的操作示意图

四、高速计数器的使用

高速计数器是 PLC 的编程软元件。相对于普通计数器，高速计数器用于频率高于机内扫描频率的机外脉冲计数。由于计数信号频率高，计数以中断方式进行。计数器的当前值等于设定值时，计数器的输出接点立即工作。

FX2N 型 PLC 内置有 21 点高速计数器 C235～C255，每一个高速计数器都规定了其功能和占用的输入点。

（1）高速计数器的分类

C235～C245 共 11 个高速计数器用作 1 相 1 计数输入的高速计数，即每一计数器占用 1 点高速计数输入点，计数方向可以是增序或者减序计数，这取决于对应的特殊辅助继电器的状态。例如，C245 占用 X002 作为高速计数输入点，当对应的特殊辅助继电器 M8245 被置位时，做增序计数。C245 还占用 X003 和 X007 分别作为该计数器的外部复位和置位输入端。

C246～C250 共 5 个高速计数器用作 1 相 2 计数输入的高速计数，即每一计数器占用 2 点高速计数输入点，其中 1 点为增计数输入点，另 1 点为减计数输入点。例如，C250 占用 X003 作为增计数输入点，占用 X004 作为减计数输入点。另外，C250 还占用 X005 作为外部复位输入端，占用 X007 作为外部置位输入端。同样，计数器的计数方向也可以通过编程对应的特殊辅助继电器的状态指定。

C251～C255 共 5 个高速计数器用作 2 相 2 计数输入的高速计数，即每一计数器占用 2 点高速计数输入点，其中 1 点为 A 相计数输入点，另 1 点为与 A 相相位差 90°的 B 相计数输入点。

C251～C255 的功能和占用的输入点如表 5-11 所示。

表 5-11 高速计数器 C251～C255 的功能和占用的输入点

高速计数器	X000	X001	X002	X003	X004	X005	X006	X007
C251	A	B						
C252	A	B	R					
C253				A	B	R		
C254	A	B	R				S	
C255				A	B	R		S

如前所述，分拣单元所使用的是具有 A、B 两相 90°相位差的通用型旋转编码器，且 Z 相脉冲信号没有使用。由表 5-11 可选用高速计数器 C251。这时编码器的 A、B 两相脉冲输出应连接到 X000 和 X001 点。

每一个高速计数器都规定了不同的输入点，但所有的高速计数器的输入点都在 X000～X007 范围内，并且这些输入点不能重复使用。例如，使用了 C251，因为 X000、X001 被占用，所以规定为占用这两个输入点的其他高速计数器，如 C252、C254 等都不能使用了。

(2) 高速计数器的使用方式

① 1 相无启动/复位高速计数器（图 5-26）。

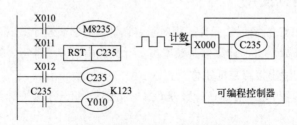

图 5-26　1 相无启动/复位高速计数器

② 1 相带启动/复位端高速计数器（图 5-27）。

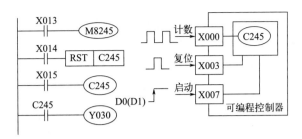

图 5-27 1 相带启动/复位端高速计数器

注意: X007 端子上送入的外启动信号只有在 X015 接通, 计数器 C245 被选中时才有效, 而 X003 及 X014 这两个复位信号则并行有效。

③ 2 相双计数输入型高速计数器 (图 5-28)。

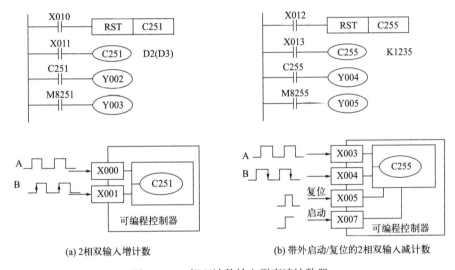

(a) 2相双输入增计数   (b) 带外启动/复位的2相双输入减计数

图 5-28 2 相双计数输入型高速计数器

注意: 带有外计数方向控制端的高速计数器也配有编号相对应的特殊辅助继电器, 只是它们没有控制功能只有指示功能。

(3) 高速计数器的应用

下面以现场测试旋转编码器的脉冲当量为例子说明高速计数器的一般使用方法, 这里采用的高速计数器为 FX2N 型 PLC。

根据传送带主动轴直径计算旋转编码器的脉冲当量, 其结果只是一个估算值。在分拣单元安装调试时, 除了要仔细调整尽量减少安装偏差外, 还需现场测试脉冲当量值。一种测试方法的步骤如下:

① 分拣单元安装调试时, 必须仔细调整电机与主动轴联轴的同心度和传送带的张紧度。调节张紧度的两个调节螺栓应平衡调节, 避免皮带运行时跑偏。传送带的张紧度以电机在输入频率为 1Hz 时能顺利启动, 低于 1Hz 时难以启动为宜。测试时可把变频器设置为 Pr.79=1、Pr.3=0Hz、Pr.161=1, 这样就能在操作面进行启动/停止操作, 并且把 M 旋钮作为电位器使用进行频率调节。

② 安装调整结束后，变频器参数设置为：Pr.79=2（固定的外部运行模式），Pr.4=25Hz（高速段运行频率设定值）。

③ 编写图 5-29 所示的程序，编译后传送到 PLC。

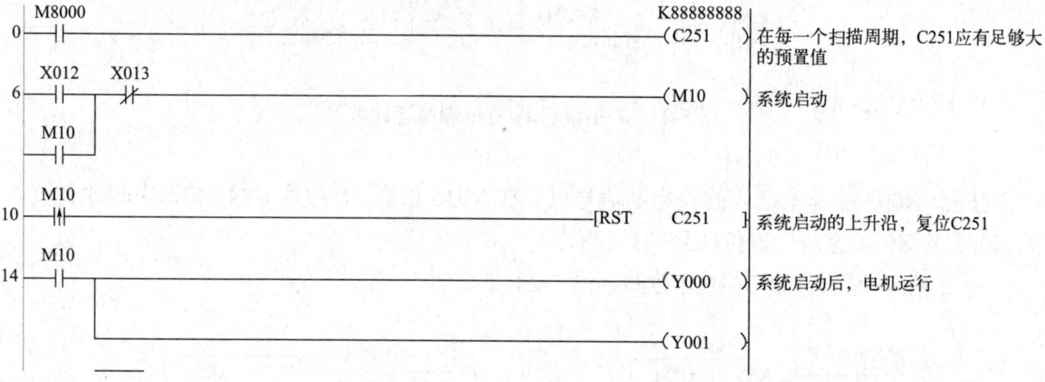

```
       M8000                                                      K88888888
  0 ──┤├─────────────────────────────────────────────────────────(C251 )  在每一个扫描周期，C251应有足够大
                                                                           的预置值
       X012    X013
  6 ──┤├─────┤/├──────────────────────────────────────────────────(M10 )  系统启动
       M10
     ──┤├──┘
       M10
 10 ──┤├───────────────────────────────────────────────────[RST   C251 ]  系统启动的上升沿，复位C251
       M10
 14 ──┤├─────────────────────────────────────────────────────────(Y000 )  系统启动后，电机运行

                                                                  (Y001 )
```

图 5-29　脉冲当量现场测试程序

④ 运行 PLC 程序，并置于监控方式。在传送带进料口中心处放下工件后，按启动按钮启动运行。工件被传送到一段较长的距离后，按下停止按钮停止运行。观察监控界面上 C251 的读数，将此值填写到表 5-12 中的"高速计数脉冲数"一栏。然后在传送带上测量工件移动的距离，把测量值填写到表中"工件移动距离"一栏。则脉冲当量 μ=工件移动距离/高速计数脉冲数，并将计算结果填写到相应栏目中。

表 5-12　脉冲当量现场测试数据

项目	工件移动距离/mm （测量值）	高速计数脉冲数/个 （测试值）	脉冲当量 μ （计算值）
第一次	357.8	1391	0.2571
第二次	358	1392	0.2571
第三次	360.5	1394	0.2586

⑤ 重新把工件放到进料口中心处，按下启动按钮即可进行第 2 次测试。进行 3 次测试后，求出脉冲当量 μ 的平均值为：$\mu = (\mu_1 + \mu_2 + \mu_3)/3 = 0.2576$。

重新计算旋转编码器到各位置应发出的脉冲数：当工件从下料口中心线移至传感器中心时，旋转编码器发出 460 个脉冲；移至第一个推杆中心点时，发出 900 个脉冲；移至第二个推杆中心点时，约发出 1200 个脉冲；移至第三个推杆中心点时，约发出 1500 个脉冲。

在本项任务中，编程高速计数器的目的是根据 C251 当前值确定工件位置，与存储到指定的变量存储器的特定位置数据进行比较，以确定程序的流向。特定位置考虑如下：

a. 工件属性判别位置应稍后于进料口到传感器中心位置，故取脉冲数为 460，存储在 D110 单元中（双整数）。

b. 从位置 1 推出的工件，停车位置应稍前于进料口到推杆 1 中心位置，取脉冲数为 900，存储在 D114 单元中。

c. 从位置 2 推出的工件，停车位置应稍前于进料口到推杆 2 中心位置，取脉冲数为 1200，存储在 D118 单元中。

d. 从位置 3 推出的工件，停车位置应稍前于进料口到推杆 3 中心位置，取脉冲数为 1500，存储在 D122 单元中。

注意：特定位置数据均从进料口开始计算，因此，每当待分拣工件下料到进料口，电机开始启动时，必须对 C251 的当前值进行一次复位（清零）操作。

五、特殊模拟量模块 FX0N-3A

为了实现变频器输出频率连续调整的目的，分拣单元 PLC 连接特殊模拟量模块 FX0N-3A。通过 D/A 变换实现变频器的模拟量输入以达到连续调速的目的，而系统的启/停则由外部端子来控制。因此变频器的参数要做相应的调整，要调整的参数如表 5-13 所示。

表 5-13　变频器参数设置

参数号	参数名称	默认值	设置值	设置值含义
Pr.73	模拟量输入选择	1	0	0～10V
Pr.79	运行模式选择	0	2	固定的外部模式

（1）特殊功能模块 FX0N-3A 的主要性能

FX0N-3A 是具有两路输入通道和一路输出通道，最大分辨率为 8 位的模拟量 I/O 模块，模拟量输入和输出方式均可以选择电压或电流，这取决于用户接线方式。

FX0N-3A 输入通道的主要性能如表 5-14 所示，输出通道的主要性能如表 5-15 所示。

表 5-14　FX0N-3A 输入通道的主要性能

性能	电压输入	电流输入
模拟输入范围	出厂时，0～10V DC 输入的对应数值范围为 0～250。 如果把 FX0N-3A 用于电流输入或非 0～10V 的电压输入，则需要重新调整偏置和增益。 模块不允许两个通道有不同的输入特性	
	0～10V/0～5V DC、输入电阻为 200kΩ	4～20mA，输入电阻为 250Ω
数字分辨率	8 位	
最小信号分辨率	40mV：0～10V/0～250	64μA：4～20mA/0～250
总精度	±0.1V	±0.16mA
处理时间	TO 指令处理时间×2+FROM 指令处理时间	
输入特点	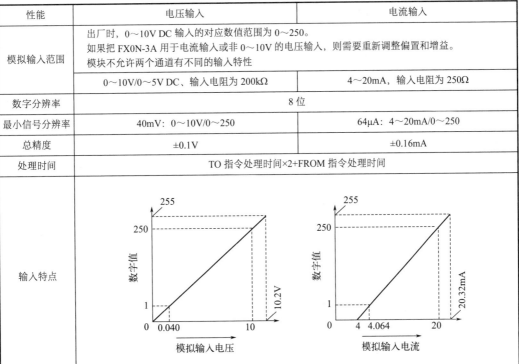	

表 5-15　FX0N-3A 输出通道的主要性能

性能	电压输入	电流输入
模拟输入范围	出厂时，0～10V DC 输入的对应数值范围为 0～250。 如果把 FX0N-3A 用于电流输出或非 0～10V 的电压输出，则需要重新调整偏置和增益	
	0～10V/0～5V DC、外部负载为 1kΩ～1MΩ	4～20mA，外部负载<500Ω
数字分辨率	8 位	
最小信号分辨率	40mV：0～10V/0～250	64μA：4～20mA/0～250
总精度	±0.1V	±0.16mA
处理时间	TO 指令处理时间×3	
输入特点		

使用 FX0N-3A 时还需注意：

① 模块的电源来自 PLC 主单元的内部电路，其中模拟电路的电源要求为 24V DC±10%、90mA，数字电路的电源要求为 5V DC、30mA。

② 模拟和数字电路之间由光电耦合器隔离，但模拟通道之间无隔离。

③ 在扩展母线上占用 8 个 I/O 点（输入或输出）。

（2）接线

模拟输入和输出的接线原理图分别如图 5-30、图 5-31 所示。接线时要注意，使用电流输入时，端子 V_{in} 与 I_{in} 应短接。如果电压输入/输出方面出现较大的电压波动或有过多的电噪声，要在相应图中的位置并联一个约 25V、0.1～0.47μF 的电容。

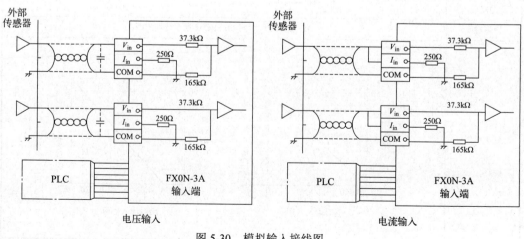

图 5-30　模拟输入接线图

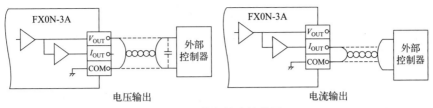

图 5-31　模拟输出接线图

（3）编程与控制

可以使用特殊功能模块读指令 FROM 和写指令 TO 读写 FX0N-3A 模块实现模拟量的输入和输出。FROM 指令用于从特殊功能模块缓冲存储器（BFM）中读入数据，如图 5-32（a）所示。TO 指令用于从 PLC 向特殊功能模块缓冲存储器（BFM）中写入数据，如图 5-32（b）所示。

(a) FROM 指令示例　　　　　　　　　(b) TO 指令示例

图 5-32　特殊功能模块读/写指令

特殊功能模块是通过缓冲存储器（BFM）与 PLC 交换信号的，FX0N-3A 共有 32 通道的 16 位缓冲存储器（BFM），如表 5-16 所示。

表 5-16　FX0N-3A 的缓冲存储器（BFM）分配

通道号	b8～b15	b7	b6	b5	b4	b3	b2	b1	b0
#0	保留					当前输入通道的 A/D 转换值			
#16						当前 D/A 输出通道的设置值			
#17						D/A 转换启动	A/D 转换启动	A/D 通道选择	
#1～#15 #18～#31	保留								

其中#17 通道位含义：

b0=0，选择模拟输入通道 1；b0=1，选择模拟输入通道 2。

b1 从 0 到 1（即上升沿），A/D 转换启动。

b2 从 1 到 0（即下降沿），D/A 转换启动。

例 1：写入模块号为 0 的 FX0N-3A 模块，D2 是其 D/A 转换值，程序如图 5-33 所示。

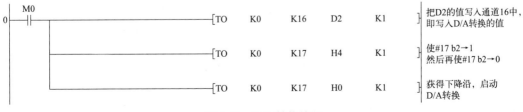

图 5-33　D/A 转换编程

例2：读取模块号为 0 的 FX0N-3A 模块，其通道 1 的 A/D 转换值保存到 D0，通道 2 的 A/D 转换值保存到 D1，程序如图 5-34 所示。

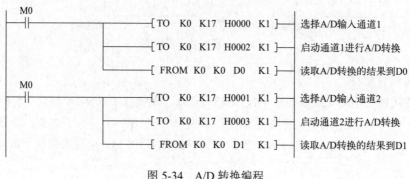

图 5-34　A/D 转换编程

根据上例，分拣单元变频器的频率设定程序如图 5-35 所示。

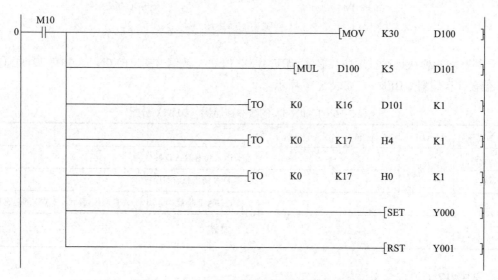

图 5-35　分拣单元变频器的频率设定程序

📖 学习环节四

项目准备

在项目实施之前，有必要对分拣单元中所使用的材料和工具进行认真检查。分拣单元的元件检查清单如表 5-17 所示。

表 5-17　分拣单元元件检查清单

已观看分拣单元的 FLASH 视频?		□是	□否
已观看分拣单元的安装视频?		□是	□否
已观看分拣单元的现场工作?		□是	□否
元件名称	规格	数量	好坏
光电开关			
磁性开关			
光纤传感器			
电感式传感器			
光电编码器			
变频器			
推料气缸			
电磁阀组			
PLC			

学习环节五

项目实施

一、训练要求

① 熟悉分拣单元的功能及结构组成。
② 能够根据控制要求设计气动控制回路原理图，安装执行器件并进行调试。
③ 安装所使用的传感器并能调试。
④ 查明 PLC 各端口地址，根据要求编写程序和调试。
⑤ 能够进行分拣单元的人机界面设计和调试。

二、任务分工

按照 3～5 名同学一组进行分配，每组选出组长 1 名，组长对小组任务进行分配，组员根据任务职责完成相关任务。任务分配表如表 5-18 所示。

表 5-18　任务分工表

序号	任务描述	组员
1	机械组件安装与调试	
2	气动回路连接与调试	
3	电气回路接线与调试	
4	程序编写与调试	
5	资料整理	

三、分拣单元安装与调试工作计划

同学们可按照表 5-19 所示的工作计划表对分拣单元的安装与调试进行记录。

表 5-19　工作计划表

步骤	内　　容	计划时间/h	实际时间/h	完成情况
1	整个练习的工作计划	0.25		
2	制订安装计划	0.25		
3	本单元任务描述和任务所需图纸与程序	1		
4	写材料清单和领料单	0.25		
5	机械部分安装与调试	1		
6	传感器安装与调试	0.25		
7	按照图纸进行电路安装	0.5		
8	气路安装	0.25		
9	气源与电源连接	0.25		
10	PLC 控制编程	1		
11	分拣单元的人机界面设计	2		
12	按质量要求检查整个设备	0.25		
13	本单元各部分设备的通电、通气测试	0.25		
14	对老师发现和提出的问题进行回答	0.25		
15	输入程序，进行整个装置的功能调试	0.5		
16	如果必要，则排除故障	0.25		
17	该任务成绩的评估	0.5		

四、实施

1. 分拣单元机械部分的安装与调试

（1）机械组件的组成

分拣单元的机械组件包括传送和分拣机构、传送带驱动机构、电磁阀组等。分拣单元的整体结构除了机械组件之外，还有一些配合机械动作的气动元件和传感器。

分拣单元机械部分
的安装与调试

（2）机械组件的安装方法

① 完成传送机构的组装　装配传送带装置及其支座，然后将其安装到底板上，如图 5-36 所示。

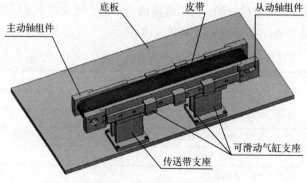

图 5-36　传送机构组件安装

② 完成驱动电机组件的装配　进一步装配联轴器，把驱动电机组件与传送机构相连并固定在底板上，如图 5-37 所示。

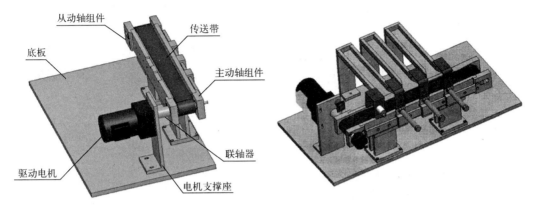

图 5-37　驱动电机组件安装　　　　　图 5-38　机械部分安装完成后的效果图

③ 继续完成推料气缸支架、推料气缸、传感器支架、出料槽及支撑板等的装配。

④ 完成各传感器、电磁阀组件、装置侧接线端口等部件的装配，效果图如图 5-38 所示。

2. 分拣单元气动元件的安装与调试

（1）气动系统的组成

分拣单元的气动系统主要包括气源、气动汇流板、直线气缸、单电控二位五通电磁换向阀、单向节流阀、消声器、快速接头、气管等，主要作用是将不同类型的工件向不同的出料槽分选。

分拣单元的气动执行元件由 3 个双作用气缸组成，其中，1B1 为安装在分拣气缸一上的 1个位置检测传感器（磁性开关），2B1 为安装在分拣气缸二上的 1 个位置检测传感器（磁性开关）；3B1 为安装在分拣气缸三上的 1 个位置检测传感器（磁性开关）。单向节流阀用于气缸的调速，气动汇流板用于组装单电控二位五通电磁换向阀及其附件。

（2）气路控制原理图

分拣单元的气路控制原理图如图 5-39 所示。图中，气源经汇流板分给 3 个换向阀的进气口，气缸 1A、2A、3A 的两个工作口与电磁阀工作口之间均安装了单向节流阀，通过尾气节流阀来调整气缸的速度。排气口安装的消声器可减小排气的噪声。

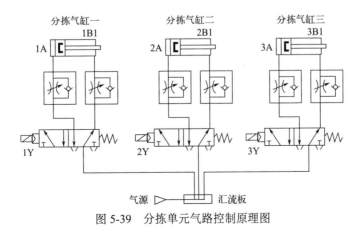

图 5-39　分拣单元气路控制原理图

（3）气路的连接方法

① 单向节流阀应安装在气缸的工作口上，并缠绕好密封带，以免运行时漏气。

② 单电控二位五通电磁换向阀的进气口和工作口应安装好快速接头，并缠绕好密封带，以免运行时漏气。

③ 气动汇流板的排气口应安装好消声器，并缠绕好密封带，以免运行时漏气。

④ 气动元件对应气口之间用塑料气管进行连接，做到安装美观，气管不交叉并保持气路畅通。

（4）气路系统的调试方法

分拣单元气路系统的调试主要是针对气动执行元件的运行情况进行的，其调试方法是通过手动控制单向换向阀，观察气动执行元件的动作情况：气动执行元件运行过程中检查各管路的连接处是否有漏气现象，是否存在气管不畅通现象。同时通过各单向节流阀的调整来获得稳定的气动执行元件运行速度。

3. 分拣单元传感器的安装与接线

（1）磁性开关的安装与接线

① 磁性开关的安装　分拣单元设计了 3 个双作用气缸，由 3 个磁性开关作为气动执行元件的极限位置检测元件。磁性开关的安装方法与供料单元中磁性开关的安装方法相同。

② 磁性开关的接线　磁性开关的输出为 2 线（棕色+，蓝色–），连接时蓝色线与直流电源的负极相连，棕色线与 PLC 的输入点相连。

（2）光电开关的安装与接线

① 光电开关的安装　分拣单元中的光电开关主要用于加工台物料检测，光电开关的安装与供料单元中光电开关的安装方法相同。

② 光电开关的接线　光电开关的输出为 3 线（棕色+，蓝色–，黑色输出），连接时棕色线与直流电源的正极相连，蓝色线与直流电源的负极相连，黑色线与 PLC 的输入点相连。

（3）光纤传感器的安装与接线

① 光纤传感器的安装　分拣单元中的光纤传感器主要用于物料台上的工件有无检测，能识别不同颜色的工件，并判断物料台是否有工件存在。光纤传感器的安装与供料单元中光电开关的安装方法相同。

② 光纤传感器的接线　光纤传感器的输出为 3 线（棕色+，蓝色–，黑色输出），连接时棕色线与直流电源的正极相连，蓝色线与直流电源的负极相连，黑色线与 PLC 的输入点相连。

（4）电感式传感器的安装与接线

① 电感式传感器的安装　分拣单元中配有电感式传感器，其安装在物料台上，当有金属工件推出时便发出感应信号。

②电感式传感器的接线　电感式传感器的接线与光电开关的接线相同。

4. 供料单元 PLC 的安装与调试

（1）分拣单元装置侧接线

分拣单元装置侧接线，一是把分拣单元各个传感器、电源线、0V 线按规定接至装置侧左边较宽的接线端子排，二是把分拣单元电磁阀的信号线接至装置侧右边较窄的接线端子排。其信号线与端子排号如表 5-20 所示。

表 5-20　分拣单元装置侧的接线端口信号端子的分配

输入端口			输出端口		
端子排号	设备符号	信号线	端子排号	设备符号	信号线
2	DECODE	旋转编码器 B 相	2	1Y	推杆1电磁阀
3		旋转编码器 A 相	3	2Y	推杆2电磁阀
4	BG1	进料口工件检测	4	3Y	推杆3电磁阀
5	BG2	电感式传感器			
6	BG3	光纤传感器			
7					
8					
9	1B	推杆1推出到位			
10	2B	推杆2推出到位			
11	3B	推杆3推出到位			

（2）分拣单元 PLC 侧接线

PLC 侧接线包括电源接线、PLC 输入/输出端子的接线。PLC 侧接线端子排为双层两列端子，左边较窄的一列主要接 PLC 的输出接口，右边较宽的一列接 PLC 的输入接口。两列中的下层分别接 24V 电源端子和 0V 端子。分拣单元 PLC 的 I/O 接线原理图如图 5-40 所示。

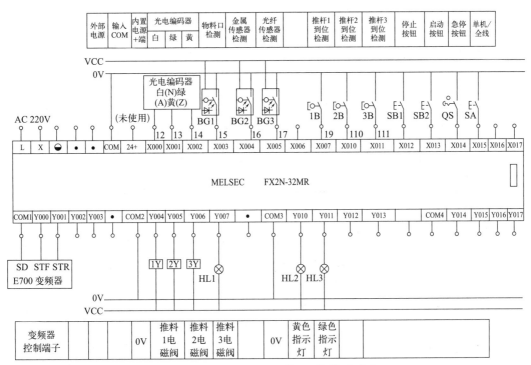

图 5-40　分拣单元 PLC 的 I/O 接线原理图

5. 安装过程中应注意的问题

① 皮带托板与传送带两侧板的固定位置应调整好，以免皮带安装后凹入侧板表面，造成推料被卡住的现象。

② 主动轴和从动轴的安装位置不能错，主动轴和从动轴的安装板的位置不能互相调换。

③ 皮带的张紧度应调整适中。

④ 要保证主动轴和从动轴的平行。

⑤ 为了使传动部分平稳可靠、噪声减小，使用了滚动轴承为动力回转件，但滚动轴承及其安装配合零件均为精密结构件，对其拆装需一定的技能和专用的工具，建议不要自行拆卸。

6. 分拣单元 PLC 的编程与调试

（1）分拣单元 PLC 的 I/O 分配表

根据分拣单元装置侧的接线端口信号端子的分配（见表 5-20）和工作任务的要求，PLC 的 I/O 信号分配如表 5-21 所示。

表 5-21　分拣单元 PLC 的 I/O 信号表

	输入信号				输出信号		
序号	PLC 输入点	信号名称	信号来源	序号	PLC 输出点	信号名称	信号来源
1	X000	光电编码器 B 相		1	Y000	STF	变频器
2	X001	光电编码器 A 相		2	Y001	STR	变频器
3	X002	光电编码器 Z 相		3			
4	X003	进料口工件检测		4			
5	X004	电感式传感器	装置侧	5			
6	X005	光纤传感器		6	Y004	推杆 1 电磁阀	
7	X006			7	Y005	推杆 2 电磁阀	
8	X007	推杆 1 推出到位		8	Y006	推杆 3 电磁阀	
9	X010	推杆 2 推出到位		9	Y007	HL1	按钮/指示灯模块
10	X011	推杆 3 推出到位		10	Y010	HL2	
11	X012	启动按钮		11	Y011	HL3	
12	X013	停止按钮	按钮/指示灯模块				
13	X014	急停按钮					
14	X015	单站/全线					

（2）编程思路

分拣单元采用的是顺序控制编程，整个程序由主程序、分拣控制子程序和状态显示子程序组成。主程序是一个周期循环扫描的程序，其顺序控制流程图如图 5-41 所示。通电后先初始化高速计数器并进行初始状态检查，即检查 3 个推料气缸是否缩回到位。这 3 个条件中的任意一个条件不满足，初始状态均不能通过，不能进入下一个环节。如果初始状态检查通过，则说明设备准备就绪，允许启动。启动后，系统就处于运行状态，此时主程序每个扫描周期调用分拣控制子程序。

分拣控制子程序是一个步进顺控程序，其顺序控制流程图如图 5-42 所示。编程思路为：如果入料口检测有料，则延时 0.5s，其间同时检测工件的芯体颜色。延时时间到后启动电机，以 30Hz 的频率将工件带入分拣区。在金属传感器的位置判断工件的材质。如果工件为白色芯金属工件则进入第一槽；如果是白色芯塑料工件则进入第二槽；如果是黑色芯塑料工件则进入第三槽。当任意工件被推入料槽后，需要复位推杆，延时 1s 后返回子程序入口处。

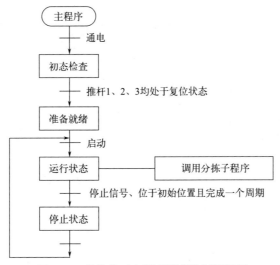

图 5-41 分拣单元主程序顺序控制流程图

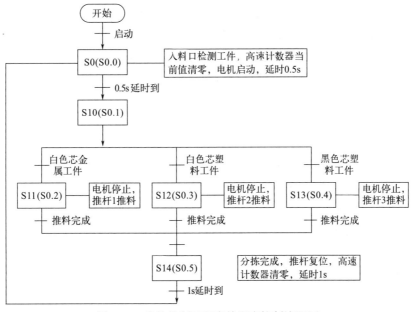

图 5-42 分拣控制子程序的顺序控制流程图

学习环节六

项目考核

根据现场各小组的讨论汇报情况、具体实施情况以及最后的结果，按照表 5-22 对本次任务进行客观评价并记录。

表 5-22　评分表

评分表		工作形式 □个人　□小组分工　□小组	实际工作时间	
训练项目	训练内容	训练要求	学生自评	教师评分
分拣单元	1. 工作计划与图纸（20 分） 　工作计划 　材料清单 　气路图 　电路图 　程序清单	电路绘制有错误，每处扣 0.5 分；机械手装置运动的限位保护没有设置或绘制有错误，扣 1.5 分；主电路绘制有错误，每处扣 0.5 分；电路图形符号不规范，每处扣 0.5 分，最多扣 2 分		
	2. 部件安装与连接（20 分）	装配未能完成，扣 2.5 分；装配完成，但有紧固件松动现象，扣 1 分		
	3. 连接工艺（20 分） 　电路连接工艺 　气路连接工艺 　机械安装及装配工艺	端子连接，插针压接不牢或超过 2 根导线，每处扣 0.5 分，端子连接处没有线号，每处扣 0.5 分，两项最多扣 3 分；电路接线没有绑扎或电路接线凌乱，扣 2 分；机械手装置运动的限位保护未接线或接线错误，扣 1.5 分；气路连接未完成或有错，每处扣 2 分；气路连接有漏气现象，每处扣 1 分；气缸节流阀调整不当，每处扣 1 分；气管没有绑扎或气路连接凌乱，扣 2 分		
	4. 测试与功能（30 分） 　变频器使用 　分拣功能 　整个装置全面检测	启动/停止方式不按控制要求，扣 1 分；运行测试不满足要求，每处扣 0.5 分；工件送料测试，但推出位置明显偏差，每处扣 0.5 分		
	5. 职业素养与安全意识（10 分）	现场操作安全保护符合安全操作规程；工具摆放、包装物品、导线线头等的处理符合职业岗位的要求；团队合作有分工、有合作，配合紧密；遵守纪律，尊重教师，爱惜设备和器材，保持工位的整洁		

? 课后思考题

1. 当传送带的速度需要改变时，即需要改变变频器的频率时，请问程序如何改变？

2. 如果分拣材料的颜色和材质发生改变，请问程序如何改变？

《分拣单元的安装
与调试》测试题

 拓展案例　树立安全意识，强化责任担当

　　"哥伦比亚"号航天飞机 1981 年 4 月 12 日首次发射升空，是美国资格最老的航天飞机。"哥伦比亚"号机舱长 18m，舱内能装运 36t 重的货物，外形像一架大三角翼飞机；机尾装有 3 个主发动机和 1 个巨大的推进剂外储箱，里面装有几百吨重的液氧、液

氢燃料，它附在机身腹部，供给航天飞机燃料使其进入太空轨道；外储箱两边各有 1 枚巨型固体燃料助推火箭。整个组合装置重约 2000t。2003 年 2 月 1 日，"哥伦比亚"号在完成为期 16 天的科学实验任务后，在返航途中解体，7 名宇航员丧生。

2003 年 1 月 16 日，7 名宇航员登上了"哥伦比亚"号，开始正常的发射任务，升空过程很顺利，航天飞机也按照预定的时间和路线进入了近地轨道。但是，通过当天的录像回放，NASA 的高速摄影小组发现，"哥伦比亚"号发射后的 82s，出现了和上一次任务一样的状况，连接支架上覆盖的一块泡沫又剥落了，击中了航天飞机的左翼前缘。

然而，这一次的泡沫更大，大小相当于一个公文包，而且速度更高，当时航天飞机的速度是 3000km/h，所以，把航天飞机的左翼撞出了一个 15cm×25cm 的凹陷。就这样隔热瓦被撞掉了一块，这在航天飞机返回大气层的时候很危险，所以，当"哥伦比亚"号仍在

轨道上执行任务的时候，NASA 的任务管理团队就开始进行评估。后来 NASA 的安全团队并没有做出任何补救计划，并且通知宇航员按照既定时间返回。17 天后，"哥伦比亚"号航天飞机完成所有任务开始返回，这个时候航天飞机就要利用自身的发动机进入大气层，完全自主返航。

2003 年 2 月 1 日早上 8 点，地面控制中心通知"哥伦比亚"号进行脱离轨道点火。8 点 15 分，航天飞机进入大气层，8 点 45 分，进入地球稠密大气层点。这个时候，机身底部的温度已上升到 1375℃，隔热瓦开始发挥作用。

但此时，"哥伦比亚"号的左翼部分的隔热瓦已经脱落，8 点 49 分，"哥伦比亚"号达到了最高速度 24.5 马赫，温度高达 2800℃，整个航天飞机底部都是一团红色。8 点 59 分，机组成员报告，航天飞机出现了液压控制失败，开始不受控制地翻转和偏航。宇航员们此时意识到了事情的严重性。

一分钟后航天飞机解体，变成了几道闪光，所有的一切化为乌有，7 名宇航员丧生。事后搜救队找到了 8000 件碎片，因为事故发生在德州境内，整个残骸散落在了几百平方公里的范围。

这起事故的原因后来查明就是之前的支架泡沫击中左翼，导致部分隔热瓦失效，返回大气层时，超高温气体从裂缝处进入机体，造成航天飞机最终解体。

人类在进入太空时代后，先后有 20 多名宇航员牺牲。虽然我们对这些航天事故感到十分难过，但是却不能忘记这些事故带来的教训，以及为人类梦想献身的宇航员。这些事故的发生，也在督促技术的进步，不管是通过什么样的方式去探索宇宙，安全永远是第一位。因此，航天事业需要更加谨慎。航天事业不仅仅是某个国家的成就，而是全人类的成就。不同于 20 世纪的竞争性，如今各国的航天事业都应该基于宇宙科学展开。任何在航天事业中奉献光热的人们都是人类未来的希望。我们应该更加重视航天事业的安全，更加注重科学技术的发展。

附：分拣单元工作单

项目名称				分拣单元的安装与调试			
姓名		学号		班级		小组	日期

一、资讯

1. 分拣单元元件认知

前站已有	磁性开关	漫反射式光电传感器	二位五通电磁阀	活塞杆伸出　排气　进气　双作用气缸

	元件	工作原理	问题
光纤传感器	电源以及输出线　放大器　光纤		如何设置对不同颜色的物料敏感？
电感式传感器			如何保证检测的准确度？
光电编码器			某光电编码器的分辨率为500线，其电机轴的直径为40mm，如果工件在传送带上的移动距离为180mm，则旋转编码器发出多少个脉冲？
FR-E740变频器			如何进行变频的参数设置？

2. 安全操作规范

	安全操作规范	不规范的后果
气路操作	1. 气路连接完成、无错 2. 气路连接无漏气现象 3. 气管气缸节流阀调整合理、恰当 4. 气管有绑扎、气路连接规范	
电气操作	1. 端子连接、插针压接质量好，同一端子不超过2根导线，端子连接处有线号等 2. 电路图形符号规范 3. 电路接线有绑扎，电路接线不凌乱、条理、美观 4. 传感器接线正确	
设备操作	1. 装配完成，无紧固件松动现象 2. 推料/顶料气缸活塞杆返回时没有被卡住	
安全操作	1. 接线后，对照接线图检查完一遍，确认无差错后再上电 2. 设备要接地，强电要过载保护	
职业素养	1. 工具、元件、电线摆放合理 2. 线头、纸屑、灰尘打扫干净	

二、决策

按照3～5名同学一组进行分配，每组选出组长1名，组长对小组任务进行分配，组员根据任务职责完成相关任务。任务分配表如表1所示。

表1 任务分工表

序号	任务描述	组员
1	机械组件安装与调试	
2	气动回路连接与调试	
3	电气回路接线与调试	
4	程序编写与调试	
5	资料整理	

三、计划

按照表2所示的工作计划表对分拣单元的安装与调试进行记录。

表2 工作计划表

步骤	内　容	计划时间/h	实际时间/h	完成情况
1	整个练习的工作计划	0.25		
2	制订安装计划	0.25		
3	本单元任务描述和任务所需图纸与程序	1		
4	写材料清单和领料单	0.25		
5	机械部分安装与调试	1		
6	传感器安装与调试	0.25		
7	按照图纸进行电路安装	0.5		
8	气路安装	0.25		
9	气源与电源连接	0.25		
10	PLC控制编程	1		
11	分拣单元的人机界面设计	2		
12	按质量要求检查整个设备	0.25		
13	本单元各部分设备的通电、通气测试	0.25		
14	对老师发现和提出的问题进行回答	0.25		
15	输入程序，进行整个装置的功能调试	0.5		
16	如果必要，则排除故障	0.25		
17	该任务成绩的评估	0.5		

四、实施

1. 准备

在项目实施之前，有必要对分拣单元中所使用的材料和工具进行认真检查。分拣单元的元件检查清单如表3所示。

表3 分拣单元元件检查清单

已观看分拣单元的FLASH视频?		□是	□否
已观看分拣单元的安装视频?		□是	□否
已观看分拣单元的现场工作?		□是	□否
元件名称	规格	数量	好坏
光电开关			
磁性开关			
光纤传感器			
电感式传感器			
光电编码器			
变频器			
推料气缸			
电磁阀组			
PLC			

2. 机械组装

按照下图所示组装顺序完成分拣单元机械部分的安装，并填写安装调试工作单（表4）。

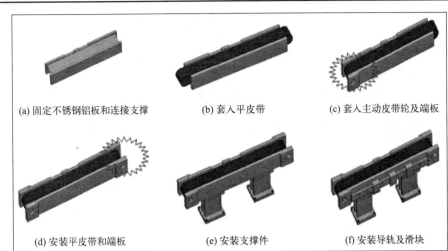

(a) 固定不锈钢铝板和连接支撑　　(b) 套入平皮带　　(c) 套入主动皮带轮及端板

(d) 安装平皮带和端板　　(e) 安装支撑件　　(f) 安装导轨及滑块

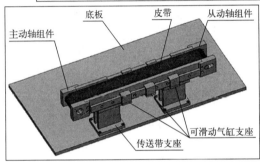 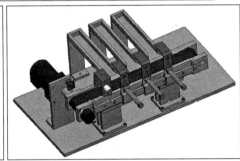

分拣单元机械安装的注意事项：

(1) 皮带托板与传送带两侧板的固定位置应调整好，以免皮带安装后凹入侧板表面，造成推料被卡住的现象。

(2) 主动轴和从动轴的安装位置不能错，主动轴和从动轴的安装板的位置不能相互调换。

(3) 皮带的张紧度应调整适中。

(4) 要保证主动轴和从动轴的平行。

(5) 为了使传动部分平稳可靠、噪声减小，特使用滚动轴承为动力回转件，但滚动轴承及其安装配件零件均为精密结构件，对其拆装需一定的技能和专用的工具，建议不要自行拆卸。

表4　分拣单元机械安装调试工作单

安装步骤	计划时间	实际时间	工具	是否返工，返工原因及解决方法
传送机构支撑架的安装				
电机的安装				
推料机构的安装				
传感器的安装				
电磁阀的安装				
整体安装				
调试过程	传送带转动是否正常 原因及解决方法：			
	气缸推出是否顺利 原因及解决方法：			
	气路是否能正常换向 原因及解决方法：			
	其他故障及解决方法：			

3. 气路连接

（1）按照如下分拣单元的气动回路图连接气路。

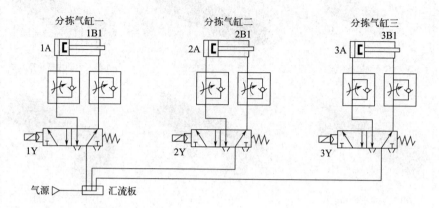

（2）分拣单元气动回路连接初态检查如表 5 所示。

表 5　分拣单元气路安装与调试工作单

调试内容	是	否	不正确原因
气路连接是否有漏气现象			
推料气缸一伸出是否顺畅			
推料气缸二缩回是否顺畅			
推料气缸三伸出是否顺畅			
备注			

4. 电气设计

（1）完成分拣 PLC 的 I/O 分配，填入表 6。

表 6　分拣单元 PLC 的 I/O 分配表

输入信号				输出信号			
序号	PLC 输入点	信号名称	信号来源	序号	PLC 输出点	信号名称	信号来源
1	X000	旋转编码器 B 相		1	Y000	STF	变频器
2	X001	旋转编码器 A 相		2	Y001	STR	变频器
3	X002	旋转编码器 Z 相		3			
4	X003	进料口工件检测		4			
5	X004	电感式传感器	装置侧	5			
6	X005	光纤传感器		6	Y004	推杆 1 电磁阀	
7	X006			7	Y005	推杆 2 电磁阀	
8	X007	推杆 1 推出到位		8	Y006	推杆 3 电磁阀	
9	X010	推杆 2 推出到位		9	Y007	HL1	
10	X011	推杆 3 推出到位		10	Y010	HL2	按钮/指示灯模块
11	X012	启动按钮		11	Y011	HL3	
12	X013	停止按钮	按钮/指示灯模块				
13	X014	急停按钮					
14	X015	单站/全线					

（2）绘制 PLC 电气接线原理图（另附绘图纸），完成电气部分调试工作单（表7）。

表7　分拣单元电气线路调试工作单

调试内容	正确	错误	原因
旋转编码器 A 相信号			
旋转编码器 B 相信号			
进料口工件信号检测			
金属信号检测			
工件颜色信号检测			
推料气缸一伸出到位检测			
推料气缸二伸出到位检测			
推料气缸三伸出到位检测			

5. 编写 PLC 程序，并调试

（1）控制要求。

① 设备的工作目标是完成对白色芯金属工件、白色芯塑料工件和黑色芯的金属或塑料工件进行分拣。为了在分拣时准确推出工件，要求使用旋转编码器做定位检测。并且工件材料和芯体颜色属性应在推料气缸前的适应位置被检测出来。

② 设备上电和气源接通后，若工作单元的 3 个气缸均处于缩回位置，则 "正常工作"指示灯 HL1 常亮，表示设备准备好。否则，该指示灯以 1Hz 的频率闪烁。

③ 若设备准备好，按下启动按钮，系统启动，"设备运行"指示灯 HL2 常亮。当在传送带入料口人工放下已装配的工件时，变频器即启动，驱动传动电机以频率固定为 30Hz 的速度，把工件带往分拣区。

如果工件为白色芯金属，则该工件对到达 1 号滑槽中间，传送带停止，工件对被推到 1 号槽中；如果工件为白色芯塑料，则该工件对到达 2 号滑槽中间，传送带停止，工件对被推到 2 号槽中；如果工件为黑色芯塑料，则该工件对到达 3 号滑槽中间，传送带停止，工件对被推到 3 号槽中。工件被推出滑槽后，该工作单元的一个工作周期结束。仅当工件被推出滑槽后，才能再次向传送带下料。

如果在运行期间按下停止按钮，该工作单元在本工作周期结束后停止运行。

（2）在下载、运行程序前，必须认真检查程序。

在调试编程之前先要检查分拣单元的初始状态是否满足要求，完成分拣单元初态调试工作单（表8）。

表8　分拣单元初态调试工作单

	调试内容	是	否	原因
1	传送带否处于静止状态			
2	推料气缸一是否处于缩回状态			
3	推料气缸二是否处于缩回状态			
4	推料气缸三是否处于缩回状态			
5	HL1 指示灯状态是否正常			
6	HL2 指示灯状态是否正常			

（3）下载程序，完成运行状态功能调试（表9）。

表9　分拣单元运行状态调试工作单

	调试内容		是	否	原因
		启动按钮按下后			
1	HL1 指示灯是否点亮				
2	HL2 指示灯是否常亮				
3	工件放到入料口后，传送带是否动作				
4	工件为白色芯金属	传送带是否停止			
		推料气缸一是否动作			
5	工件为白色芯塑料	传送带是否停止			
		推料气缸二是否动作			
6	工件为黑色芯塑料	传送带是否停止			
		推料气缸三是否动作			
		停止按钮按下后			
1	HL1 指示灯是否常亮				
2	HL2 指示灯是否熄灭				
3	工作状态是否正常				

五、检查、评价

根据现场各小组的讨论汇报情况、具体实施情况以及最后的结果，按照表10对本次任务进行客观评价并记录。

表10　评分表

评分表		工作形式 □个人　□小组分工　□小组	实际工作时间	
训练项目	训练内容	训练要求	学生 自评	教师 评分
分拣单元	1. 工作计划与图纸（20分） 工作计划 材料清单 气路图 电路图 程序清单	电路绘制有错误，每处扣0.5分；机械手装置运动的限位保护没有设置或绘制有错误，扣1.5分；主电路绘制有错误，每处扣0.5分；电路图形符号不规范，每处扣0.5分，最多扣2分		
	2. 部件安装与连接（20分）	装配未能完成，扣2.5分；装配完成，但有紧固件松动现象，扣1分		
	3. 连接工艺（20分） 电路连接工艺 气路连接工艺 机械安装及装配工艺	端子连接，插针压接不牢或超过2根导线，每处扣0.5分，端子连接处没有线号，每处扣0.5分，两项最多扣3分；电路接线没有绑扎或电路接线凌乱，扣2分；机械手装置运动的限位保护未接线或接线错误，扣1.5分；气路连接未完成或有错，每处扣2分；气路连接有漏气现象，每处扣1分；气缸节流阀调整不当，每处扣1分；气管没有绑扎或气路连接凌乱，扣2分		
	4. 测试与功能（30分） 变频器使用 分拣功能 整个装置全面检测	启动/停止方式不按控制要求，扣1分；运行测试不满足要求，每处扣0.5分；工件送料测试，但推出位置明显偏差，每处扣0.5分		
	5. 职业素养与安全意识（10分）	现场操作安全保护符合安全操作规程；工具摆放、包装物品、导线线头等的处理符合职业岗位的要求；团队合作有分工、有合作，配合紧密；遵守纪律，尊重教师，爱惜设备和器材，保持工位的整洁		

项目六

输送单元的安装与调试

> **知识目标**

① 掌握输送单元的工作过程。
② 掌握步进电机或伺服电机的特性及控制方法、步进驱动器或伺服驱动器的基本原理及电气接线。
③ 掌握 FX1N PLC 内置定位控制指令的使用和编程方法，能编制实现步进电机或伺服电机定位控制的 PLC 控制程序。
④ 掌握子程序调用等基本功能指令。

> **能力目标**

① 能够独立完成输送单元机械部件的组装。
② 能够正确绘制输送单元的气动控制原理图，并正确安装气动控制回路。
③ 能够正确设计电气接线图，并正确连接。
④ 能够正确编写输送单元 PLC 控制程序，并学会调试程序。
⑤ 能够解决安装与运行过程中出现的常见问题。

> **思政素质目标**

① 传承严谨细致、追求卓越的工匠精神。
② 养成吃苦耐劳、耐心细致的精神。
③ 养成敬业、精业、勤业、乐业的职业素养与道德。
④ 提高团结协作进行生产线安装调试的能力。
⑤ 提高自我提升及循序渐进学习的能力。

📖 学习环节一

项目任务书

学习领域	自动化生产线的安装与调试		
学习项目	项目六　输送单元的安装与调试		
学习小组	第　　　组		
工作过程描述	① 输送单元在通电后，按下复位按钮 SB1，执行复位操作，使抓取机械手装置回到原点位置。在复位过程中，"正常工作"指示灯 HL1 以 1Hz 的频率闪烁。 　　当机械手装置回到原点位置，且输送单元各个气缸满足初始位置的要求时，则复位完成，"正常工作"指示灯 HL1 常亮。按下启动按钮 SB2，设备启动，"设备运行"指示灯 HL2 也常亮，开始功能测试过程。 　　② 抓取机械手装置从供料站出料台抓取工件，抓取的顺序：手臂伸出→手爪夹紧抓取工件→提升台上升→手臂缩回。抓取动作完成后，机械手装置向加工站移动。 　　③ 机械手装置移动到加工站物料台的正前方后，即把工件放到加工站物料台上。机械手装置在加工站放下工件的顺序：手臂伸出→提升台下降→手爪松开放下工件→手臂缩回。 　　④ 放下工件动作完成 2s 后，机械手装置执行抓取加工站工件的操作。抓取的顺序与供料站抓取工件的顺序相同。 　　⑤ 抓取动作完成后，机械手装置移动到装配站物料台的正前方，然后把工件放到装配站物料台上。其动作顺序与加工站放下工件的顺序相同。 　　⑥ 放下工件动作完成 2s 后，机械手装置执行抓取装配站工件的操作。抓取的顺序与供料站抓取工件的顺序相同。 　　⑦ 机械手手臂缩回后，摆台逆时针旋转 90°，机械手装置从装配站向分拣站运送工件，到达分拣站传送带上方入料口后把工件放下，动作顺序与加工站放下工件的顺序相同。 　　⑧ 放下工件动作完成后，机械手手臂缩回，然后执行以 400mm/s 的速度返回原点的操作。返回 900mm后，摆台顺时针旋转 90°，然后以 100mm/s 的速度低速返回原点停止。 　　⑨ 当机械手装置返回原点后，一个测试周期结束。当供料单元的出料台上放置了工件时，再按一次启动按钮 SB2，即可开始新一轮的测试		
教学和学习资源	学习资料	学习软件	实训设备
	教材、实训手册、任务书、 工作单、课程网站	GX-Developer-8.86/MCGS 安装包_7.7.1.1_V1.4	自动化生产线的安装与 调试实训室
教学组织	分组教学，一组 3~5 人，团队合作		
学习流程	输送单元的元件认知 → 安全操作规范的熟悉 → 分解输送的工作过程 → 输送单元的设备安装 → 气路设计与连线调试 → 电路设计与接线调试 → 程序编制与系统调试 → 整理工作台		

续表

	六步法	学生活动	教师活动
学习过程	资讯	确定项目负责人，接受任务，观看 FLASH 动画课件、视频以及整个过程动作，分组讨论，查阅相关资料，准确描述整个输送单元的工作过程	提出工作任务，明确控制要求，负责对输送单元的工作过程进行归纳，然后分发任务书
	决策、计划	设计计划，项目计划符合目标要求，讨论方案的可行性，是否符合操作规范，最终确定工作计划。形成计划书一份	对学生给予实时的指导与评价，与学生交流发挥咨询者和协调人的作用
	实施	按照学习流程图开展顺序合理分工，逐项完成子任务，最后合作完成系统工作。形成过程监控记录一份	引导学生完成元器件的选型、电气线路的安全检查，加强与学生的交流，监控每个团队的工作进程，设置故障，激发学生思考，做好咨询者角色
	检查、评价	展示成果，各小组对工作完成情况进行自评，并开展互评，取长补短，优化方案。同时根据工作记录写出工作总结，做 PPT 进行汇报	经常向学生了解情况，听取学生的反馈信息，在项目的进展过程中做好记录，在项目结束时进行评价
提交材料	输送单元电气接线图一份、输送单元气动回路控制图一份、输送单元 PLC 编程 I/O 分配表一份、输送单元 PLC 程序一份、汇报 PPT 一份		
考核要点	机械安装牢固可靠、电气接线无松动、电气图纸绘制标准、输送单元动作正确无误。软件的使用：上传、下载、运行、通信设置、I/O 地址分配、硬件接线、程序的编写、调试		
考核方式	小组的自我评价、教师对小组的评价、教师对个人的评价		

📚 学习环节二

认识输送单元

一、输送单元的功能

输送单元是 YL-335B 系统中最为重要同时也是承担任务最为繁重的工作单元。主要功能：①该单元主要完成驱动它的抓取机械手装置精确定位到指定单元的物料台，在物料台上抓取工件，把抓取到的工件输送到指定地点然后放下的功能；②该单元在网络系统中担任着主站的角色，它接收来自按钮/指示灯模块的系统主令信号，读取网络上其他各站的状态信息，加以综合后，向各从站发送控制要求，协调整个系统的工作。

二、输送单元的结构

输送单元由抓取机械手装置、直线运动传动组件、拖链装置、PLC 模块和接线端口以及按钮/指示灯模块等部件组成。图 6-1 所示是安装在工作台面上的输送单元装置侧部分。

（1）抓取机械手装置

抓取机械手装置是一个能实现三自由度运动（即升降、伸缩、气动手指夹紧/松开和沿垂

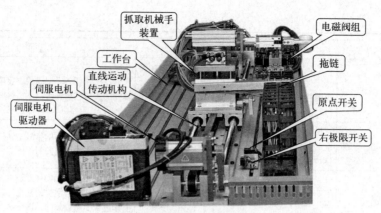

图 6-1 输送单元装置侧部分

直轴旋转的四维运动）的工作单元。该装置整体安装在直线运动传动组件的滑动溜板上，在传动组件带动下整体做直线往复运动，定位到其他各工作单元的物料台，然后完成抓取和放下工件的功能。图 6-2 所示为该装置实物图。

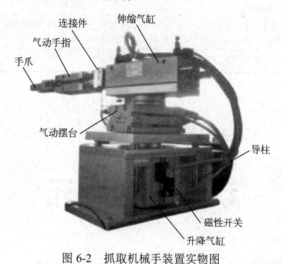

图 6-2 抓取机械手装置实物图

具体构成如下：

① 气动手指：用于在各个工作站物料台上抓取、放下工件。由一个二位五通双向电控阀控制。

② 伸缩气缸：用于驱动手臂伸出缩回。由一个二位五通单向电控阀控制。

③ 气动摆台：用于驱动手臂正反向 90°旋转。由一个二位五通双向电控阀控制。

④ 升降气缸：用于驱动整个机械手提升与下降。由一个二位五通单向电控阀控制。

（2）直线运动传动组件

直线运动传动组件用以拖动抓取机械手装置做往复直线运动，从而完成精确定位的功能。直线运动传动组件由直线导轨底板，伺服电机，同步轮，同步带，直线导轨，滑动溜板，原点接近开关支座，左、右限位开关支座组成，如图 6-3 所示。

伺服电机由伺服电机放大器驱动，通过同步轮和同步带带动滑动溜板沿直线导轨做往复直线运动，从而带动固定在滑动溜板上的抓取机械手装置做往复直线运动。同步轮齿距为 5mm，共 12 个齿，旋转一周机械手的位移为 60mm。

抓取机械手装置上的所有气管和导线沿拖链带敷设，进入线槽后分别连接到电磁阀组和接线端口上。

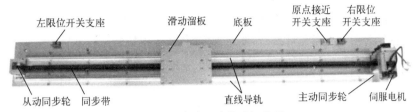

图 6-3　直线运动传动组件图

　　原点开关和左、右极限开关安装在直线导轨底板上，如图 6-4 所示。原点开关是一个无触点的电感式接近传感器，用来提供直线运动的起始点信号。左、右极限开关均是有触点的微动开关，用来提供越程故障时的保护信号：当滑动溜板在运动中越过左或右极限位置时，极限开关会动作，从而向系统发出越程故障信号。

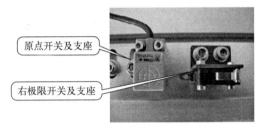

图 6-4　原点开关和右极限开关

　　（3）电磁阀组和气动元件

输送单元中用到的气动元件主要有 1 个伸缩气缸、1 个气动摆台、1 个升降气缸、1 个气动手指、4 个气缸节流阀和 4 个电磁阀组。

输送单元的伸缩气缸、升降气缸分别由 2 个单电控二位五通电磁换向阀组来控制，而气动摆台、气动手指分别由 2 个双电控二位五通电磁换向阀组来控制。

三、输送单元的工作过程

① 输送单元在通电后，按下复位按钮 SB1，执行复位操作，使抓取机械手装置回到原点位置。在复位过程中，"正常工作"指示灯 HL1 以 1Hz 的频率闪烁。

当机械手装置回到原点位置，且输送单元各个气缸满足初始位置的要求时，则复位完成，"正常工作"指示灯 HL1 常亮。按下启动按钮 SB2，设备启动，"设备运行"指示灯 HL2 也常亮，开始功能测试过程。

输送单元的工作过程描述

② 抓取机械手装置从供料站出料台抓取工件，抓取的顺序：手臂伸出→手爪夹紧抓取工件→提升台上升→手臂缩回。抓取动作完成后，机械手装置向加工站移动。

③ 机械手装置移动到加工站物料台的正前方后，即把工件放到加工站物料台上。机械手装置在加工站放下工件的顺序：手臂伸出→提升台下降→手爪松开放下工件→手臂缩回。

④ 放下工件动作完成 2s 后，机械手装置执行抓取加工站工件的操作。抓取的顺序与供料站抓取工件的顺序相同。

⑤ 抓取动作完成后，机械手装置移动到装配站物料台的正前方，然后把工件放到装配站物料台上。其动作顺序与加工站放下工件的顺序相同。

⑥ 放下工件动作完成 2s 后，机械手装置执行抓取装配站工件的操作。抓取的顺序与供

料站抓取工件的顺序相同。

⑦ 机械手手臂缩回后，摆台逆时针旋转 90°，机械手装置从装配站向分拣站运送工件，到达分拣站传送带上方入料口后把工件放下，动作顺序与加工站放下工件的顺序相同。

⑧ 放下工件动作完成后，机械手手臂缩回，然后执行以 400mm/s 的速度返回原点的操作。返回 900mm 后，摆台顺时针旋转 90°，然后以 100mm/s 的速度低速返回原点停止。

⑨ 当机械手装置返回原点后，一个测试周期结束。当供料单元的出料台上放置了工件时，再按一次启动按钮 SB2，即可开始新一轮的测试。

📖 学习环节三

相关知识讲解

一、步进电机及其驱动器的使用

步进电机是一种将电脉冲信号转换为相应的角位移或直线位移的电机。它由专门的电源供给脉冲信号电压，再由相应的驱动器将脉冲信号转换成电压相序的变化信号。每输入一个电脉冲信号，电机就转动一个角度，步进电机就前进一步，其运动形式是步进式的，所以称为步进电机。

步进电动机的使用

（1）步进电机的工作原理

下面以一台最简单的三相反应式步进电机为例介绍步进电机的工作原理。

图 6-5 所示是一台三相反应式步进电机的原理图。定子铁芯为凸极式，共有三对（6 个）磁极，每两个空间相对的磁极上绕有一相控制绕组。转子用软磁性材料制成，也是凸极结构，只有 4 个齿，齿宽等于定子的极宽。

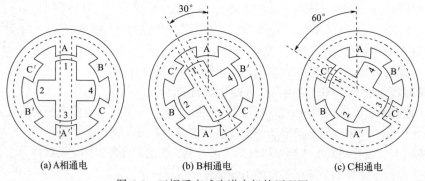

(a) A相通电　　　　　　　(b) B相通电　　　　　　　(c) C相通电

图 6-5　三相反应式步进电机的原理图

① 三相单三拍运行方式　当 A 相控制绕组通电，其余两相均不通电时，电机内建立以定子 A 相极为轴线的磁场。磁通具有力图走磁阻最小路径的特点，使转子齿 1、3 的轴线与定子 A 相极轴线对齐，如图 6-5 (a) 所示。若 A 相控制绕组断电、B 相控制绕组通电，则转子在反应转矩的作用下，逆时针转过 30°，使转子齿 2、4 的轴线与定子 B 相极轴线对齐，即转子走

了一步,如图 6-5 (b) 所示。若再断开 B 相,使 C 相控制绕组通电,则转子逆时针方向又转过 30°,使转子齿 1、3 的轴线与定子 C 相极轴线对齐,如图 6-5 (c) 所示。如此按 A-B-C-A 的顺序轮流通电,转子就会一步一步地按逆时针方向转动。其转速取决于各相控制绕组通电与断电的频率,旋转方向取决于控制绕组轮流通电的顺序。若按 A→C→B→A 的顺序通电,则电机按顺时针方向转动。

上述通电方式称为三相单三拍。"三相"是指三相步进电机;"单三拍"是指每次只有一相控制绕组通电;控制绕组每改变一次通电状态称为一拍,"三拍"是指改变三次通电状态为一个循环。把每一拍转子转过的角度称为步距角。三相单三拍运行时,步距角为 30°。显然,这个角度太大,不能付诸实用。

② 三相单、双六拍运行方式　如果把控制绕组的通电方式改为 A→AB→B→BC→C→CA→A,即一相通电接着两相通电间隔地轮流进行,完成一个循环需要改变通电状态 6 次,称为三相单、双六拍通电方式。当 A、B 两相绕组同时通电时,转子齿的位置应同时考虑到两对定子极的作用,只有 A 相极和 B 相极对转子齿所产生的磁拉力相平衡的中间位置才是转子的平衡位置。这样,单、双六拍通电方式下转子平衡位置增加了一倍,步距角为 15°。

(2) 步进电机的选择

在选择步进电机时,一般要首先考虑步距角、静力矩及电流三大要素。

① 步距角的选择　步进电机的步距角取决于负载精度的要求,将负载的最小分辨率(当量)换算到步进电机轴上,得到每个当量步进电机应走多少角度。步进电机的步距角应等于或小于此角度。市场上步进电机的步距角一般有 0.36°/0.72° (五相电动机)、0.9°/1.8° (二、四相电动机)、1.5°/3° (三相电动机)。

② 静力矩的选择　步进电机的动力矩一般很难直接确定,故往往先确定其静力矩。静力矩选择的依据是步进电机工作的负载,而负载可分为惯性负载和摩擦负载两种,单一的惯性负载和单一的摩擦负载是不存在的。直接启动时(一般为低速)两种负载均要考虑,加速启动时主要考虑惯性负载,恒速运行时只要考虑摩擦负载。一般情况下,静力矩应为摩擦负载的 2～3 倍。静力矩一旦选定,步进电机的机座及长度就能确定下来。

③ 电流的选择　对于静力矩相同的步进电机,由于电流参数不同,其运行特性差别很大,可依据矩频特性曲线图判断步进电机的电流(参考驱动电源及驱动电压)。

供电电源电流一般根据驱动器的输出相电流来确定。如果采用线性电源,电源电流一般为输出相电流的 1.1～1.3 倍;如果采用开关电源,电源电流一般为输出相电流的 1.5～2.0 倍。

(3) 步进电机的使用

① 正确的安装　安装步进电机时必须严格按照产品说明的要求进行。步进电机是精密装置,安装时注意不要敲打它的轴端,更千万不要拆卸电机。

② 正确的接线　不同的步进电机的接线有所不同,3S57Q-04056 的接线图如图 6-6 所示,3 个相绕组的 6 根引出线必须按头尾相连的原则连接成三角形。改变绕组的通电顺序就能改变步进电机的转动方向。

(4) 步进电机驱动器的使用

步进电机需要专门的驱动装置(驱动器)供电,驱动器和步进电机是一个有机的整体,步进电机的运行性能是电机及其驱动器二者配合所反映的综合效果。一般来说,每一台步进电机大都有其对应的驱动器,例如,Kinco 三相步进电机 3S57Q-04056 与之配套的驱动器是 Kinco 3M458 三相步进电机驱动器。图 6-7 所示为典型接线图。图中,步进电机驱动器的功能是接

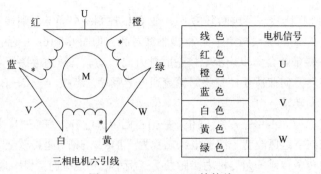

线 色	电机信号
红 色	
橙 色	U
蓝 色	
白 色	V
黄 色	
绿 色	W

三相电机六引线

图 6-6　3S57Q-04056 的接线

收来自控制器（PLC）的一定数量和频率的脉冲信号以及电机旋转方向的信号，为步进电机输出三相功率脉冲信号。驱动器可采用直流 24～40V 电源供电。YL-335B 中，该电源由输送单元专用的开关稳压电源（DC 24V、8A）供给。输出电流和输入信号规格为：

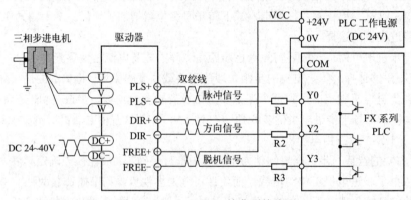

图 6-7　Kinco 3M458 的典型接线图

① 输出相电流为 3.0～5.8A，通过拨动开关设定；驱动器采用自然风冷的冷却方式；

② 控制信号输入电流为 6～20mA，控制信号的输入电路采用光耦隔离。输送单元 PLC 输出端使用的是 DC 24V 工作电源，所使用的限流电阻 R1 为 2kΩ。

步进电机驱动器的组成包括脉冲分配器和脉冲放大器两部分，主要解决向步进电机的各相绕组分配输出脉冲和功率放大两个问题。

脉冲分配器是一个数字逻辑单元，它接收来自控制器的脉冲信号和转向信号，把脉冲信号按一定的逻辑关系分配到每一相脉冲放大器上，使步进电机按选定的运行方式工作。由于步进电机各相绕组是按一定的通电顺序并不断循环来实现步进功能的，因此脉冲分配器也称为环形分配器。实现这种分配功能的方法有多种，如可以由双稳态触发器和门电路组成，也可由可编程逻辑器件组成。

脉冲放大器是进行脉冲功率放大的。因为从脉冲分配器能够输出的电流很小（毫安级），而步进电机工作时需要的电流较大，因此需要进行功率放大。此外，输出的脉冲波形、幅度、波形前沿陡度等因素对步进电机的运行性能有重要的影响。Kinco 3M458 驱动器采取如下一些措施，大大改善了步进电机的运行性能：

① 内部驱动直流电压达 40V，能提供更好的高速性能。

② 具有电机静态锁紧状态下的自动半流功能，可大大降低电机的发热。而为调试方便，

驱动器还有一对脱机信号输入线 FREE+和 FREE−，当这一信号为 ON 时，驱动器将断开输入步进电机的电源回路。YL-335B 没有使用这一信号，目的是使步进电机在上电后，即使静止时也保持自动半流的锁紧状态。

③ Kinco 3M458 驱动器采用交流伺服驱动原理，把直流电压通过脉宽调制技术变为三路阶梯式正弦波形电流，如图 6-8 所示。

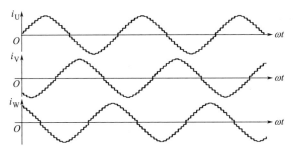

图 6-8   相位差 120°的三相阶梯式正弦波形电流

阶梯式正弦波形电流按固定时序分别流过三路绕组，其每个阶梯对应电机转动一步。通过改变驱动器输出正弦电流的频率来改变电机转速，而输出的阶梯数确定了每步转过的角度，当角度越小时，其阶梯数就越多，即细分数就越大。从理论上说，此角度可以设得足够小，所以细分数可以很大。这种控制方式称为细分驱动方式。步进电机的细分技术不仅可以减小步进电机的步距角，提高分辨率，而且可以减少或消除低频振动，从而使电机的运行更加平稳。例如对于步进角为 1.8°的两相混合式步进电机，如果将细分驱动器的细分数设置为 4，那么电机的运转分辨率为每个脉冲 0.45°。不同的步进电机的细分驱动器精度都不一样，例如 Kinco 3M458 最高可达 10000 步/转。

在 Kinco 3M458 驱动器的侧面连接端子中间有一个红色的八位 DIP 功能设定开关，可以用来设定驱动器的工作方式和工作参数，包括细分设置、静态电流设置和运行电流设置。图 6-9 所示是该 DIP 开关的功能划分说明，表 6-1 和表 6-2 分别为细分设置表和输出电流设置表。

DIP开关的正视图

开关序号	ON 功能	OFF 功能
DIP1~DIP3	细分设置用	细分设置用
DIP4	静态电流全流	静态电流半流
DIP5~DIP8	电流设置用	电流设置用

图 6-9   3M458 DIP 开关的功能划分说明

表 6-1   细分设置表

DIP1	DIP2	DIP3	细 分
ON	ON	ON	400 步/转
ON	ON	OFF	500 步/转
ON	OFF	ON	600 步/转
ON	OFF	OFF	1000 步/转
OFF	ON	ON	2000 步/转
OFF	ON	OFF	4000 步/转
OFF	OFF	ON	5000 步/转
OFF	OFF	OFF	10000 步/转

表 6-2　输出电流设置表

DIP5	DIP6	DIP7	DIP8	输出电流
OFF	OFF	OFF	OFF	3.0A
OFF	OFF	OFF	ON	4.0A
OFF	OFF	ON	ON	4.6A
OFF	ON	ON	ON	5.2A
ON	ON	ON	ON	5.8A

（5）使用步进电机应注意的问题

控制步进电机运行时，应注意考虑在防止步进电机运行中失步的问题。

步进电机失步包括丢步和越步。丢步时，转子前进的步数小于脉冲数，越步时，转子前进的步数多于脉冲数。丢步严重时，将使转子停留在一个位置上或围绕一个位置振动；越步严重时，设备将发生过冲。

使机械手返回原点的操作可能会出现越步情况。当机械手装置回到原点时，原点开关动作，使指令输入 OFF。但如果到达原点前速度过高，惯性转矩将大于步进电机的保持转矩而使步进电机越步。因此回原点的操作应确保足够低速为宜。当步进电机驱动机械手装配高速运行时紧急停止，出现越步的情况不可避免，因此急停复位后应采取先低速返回原点重新校准，再恢复原有操作的方法。（注：所谓保持转矩是指电机各相绕组通额定电流，且处于静态锁定状态时，电机所能输出的最大转矩，它是步进电机的主要参数之一）

由于电机绕组本身是感性负载，输入频率越高，励磁电流就越小。频率高，磁通量变化加剧，涡流损失加大。因此，输入频率增高，输出力矩降低。最高工作频率的输出力矩只能达到低频转矩的 40%～50%。进行高速定位控制时，如果指定频率过高，会出现丢步现象。

此外，如果机械部件调整不当，会使机械负载增大。步进电机不能过负载运行，哪怕是瞬间，都会造成失步，严重时停转或不规则原地反复振动。

二、伺服电机及其驱动器的使用

伺服电机把所收到的电信号转换成电机轴上的角位移或角速度，用来驱动直线运动或旋转运动。伺服电机分为直流和交流两大类，在 YL-335B 中，采用了松下 MHMD022P 永磁同步交流伺服电机及 MADDT1207003 全数字交流永磁同步伺服驱动装置作为运输机械手的运动控制装置。该伺服电机的外观及各部分名称如图 6-10 所示，伺服驱动器的面板如图 6-11 所示。

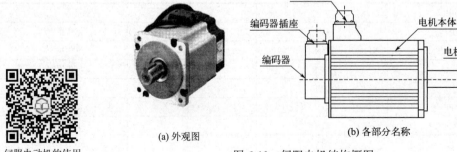

伺服电动机的使用

(a) 外观图　　　　(b) 各部分名称

图 6-10　伺服电机结构概图

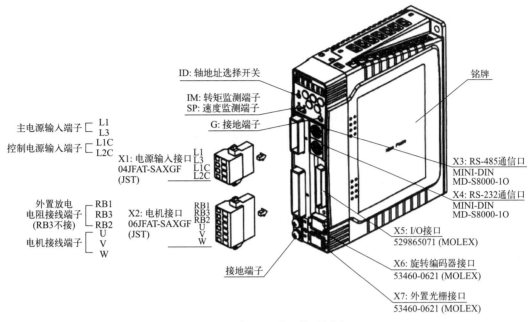

图 6-11　伺服驱动器的面板图

MHMD022P 的含义: MHMD 表示电机类型为大惯量, 02 表示电机的额定功率为 200W, 2 表示电压规格为 200V, P 表示编码器为增量式编码器, 脉冲数为 2500p/r, 分辨率为 10000, 输出信号线数为 5 根线。

MADDT1207003 的含义: MADD 表示松下 A4 系列 A 型驱动器, T1 表示最大瞬时输出电流为 10A, 2 表示电源电压规格为单相 200V, 07 表示电流监测器额定电流为 7.5A, 003 表示脉冲控制专用。

（1）伺服电机及驱动器的工作原理

伺服电机内部的转子是永久磁铁, 驱动器控制的 U/V/W 三相电形成电磁场, 转子在此磁场的作用下转动, 同时电机自带的编码器反馈信号给驱动器, 驱动器根据反馈值与目标值进行比较, 调整转子转动的角度。伺服电机的精度取决于编码器的精度（线数）。

伺服驱动器控制交流永磁伺服电机（PMSM）时, 可分别工作在电流（转矩）、速度、位置控制方式下。系统的控制结构框图如图 6-12 所示。系统基于测量电机的两相电流反馈（I_a、I_b）和电机位置, 将测得的相电流（I_a、I_b）结合位置信息, 经坐标变化（从 a、b、c 坐标系转换到转子 d、q 坐标系）, 得到 I_d、I_q 分量, 分别进入各自的电流控制器。电流控制器的输出经过反向坐标变化（从 d、q 坐标系转换到 a、b、c 坐标系）, 得到三相电压指令。控制芯片通过这三相电压指令, 经过反向、延时后, 得到 6 路 PWM 波输出到功率器件, 控制电机运行。

伺服驱动器均采用数字信号处理器（DSP）作为控制核心, 其优点是可以实现比较复杂的控制算法, 实现数字化、网络化和智能化。功率器件普遍采用以智能功率模块（IPM）为核心设计的驱动电路, IPM 内部集成了驱动电路, 同时具有过电压、过电流、过热、欠压等故障检测保护电路, 在主回路中还加入了软启动电路, 以减小启动过程对驱动器的冲击。

智能功率模块（IPM）的主要拓扑结构采用了三相逆变电路, 原理图如图 6-13 所示。利用了脉宽调制技术（Pulse width Modulation, PWM）, 通过改变功率晶体管交替导通的时间改变逆变器输出波形的频率, 改变每半周期内晶体管的通断时间, 即通过改变脉冲宽度来改变逆变器输出电压幅值的大小以达到调节功率的目的。

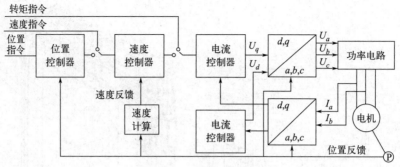

图 6-12 系统控制结构

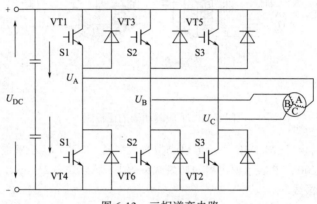

图 6-13 三相逆变电路

由自动控制理论可知，这样的系统结构提高了系统的快速性、稳定性和抗干扰能力。在足够高的开环增益下，系统的稳态误差接近为零。这就是说，在稳态时，伺服电机以指令脉冲和反馈脉冲近似相等时的速度运行。反之，在达到稳态前，系统将在偏差信号的作用下驱动电机加速或减速。若指令脉冲突然消失（如紧急停车时，PLC 立即停止向伺服驱动器发出驱动脉冲），伺服电机仍会运行到反馈脉冲数等于指令脉冲消失前的脉冲数才停止。

（2）伺服电机及驱动器的硬件接线

伺服电机及驱动器与外围设备之间的接线图如图 6-14 所示。输入电源经断路器、滤波器后直接到控制电源输入端（X1）L1C、L2C；滤波器后的电源经接触器、电抗器后到伺服驱动器的主电源输入端（X1）L1、L3；伺服驱动器的输出电源（X2）U、V、W 接伺服电机；伺服电机的编码器输出信号也要接到驱动器的编码器接入端（X6）；相关的 I/O 控制信号（X5）不要与 PLC 等控制器相连接；伺服驱动器还可以与计算机或手持控制器相连,用于参数设置。下面将从三个方面来介绍伺服驱动装置的接线。

① 主回路的接线 MADDT1207003 伺服驱动器的主接线图如图 6-15 所示，接线时，电源电压务必按照驱动器铭牌上的指示，电机接线端子（U、V、W）不可以接地或短路，交流伺服电机的旋转方向不像感应电机那样可以通过交换三相相序来改变，必须保证驱动器上的U、V、W、E 接线端子与电机主回路接线端子按规定的次序一一对应，否则可能造成驱动器的损坏。电机的接线端子和驱动器的接地端子以及滤波器的接地端子必须保证可靠地连接到同一个接地点上，机身也必须接地。本型号的伺服驱动器外接放电电阻规格为 100Ω/10W。

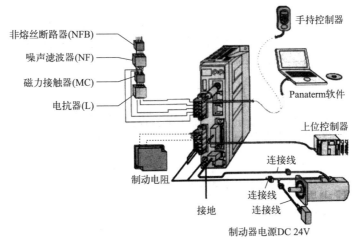

图 6-14 伺服电机及驱动器与外围设备之间的接线图

单相电源经噪声滤波器后直接作为主电源，主电源由磁力启动器 MC 控制，按下 ON 按钮，主电源接通，当按下 OFF 按钮时，主电源断开。也可改由 PLC 的输出接点来控制伺服驱动器的主电源的接通与断开。

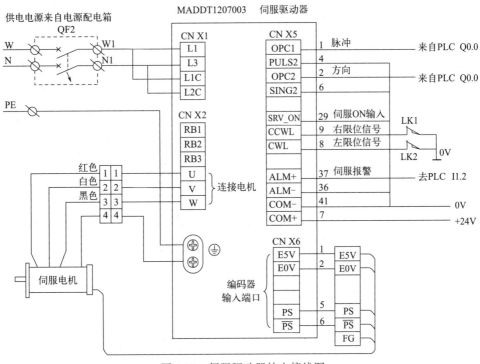

图 6-15 伺服驱动器的主接线图

② 伺服电机光电编码器与伺服驱动器的接线　在 YL-335B 中使用的 MHMD022P1U 伺服电机编码器为 2500p/r 的 5 线增量式编码器，接线如图 6-16 所示。接线时采用屏蔽线，且距离最长不超过 30m。

143

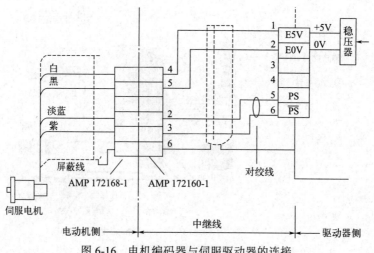

图 6-16　电机编码器与伺服驱动器的连接

③ PLC 控制器与伺服驱动器的接线　MADDT1207003 伺服驱动器的控制端口 CNX5 的定义如图 6-17 所示。其中，有 10 路开关量输入点，在 YL-335B 中使用了 3 个输入端口，CNX5-29（SRV-ON）伺服使能端接低电平，CNX5-8（CWL）接左限位开关输入，CNX5-9（CCWL）

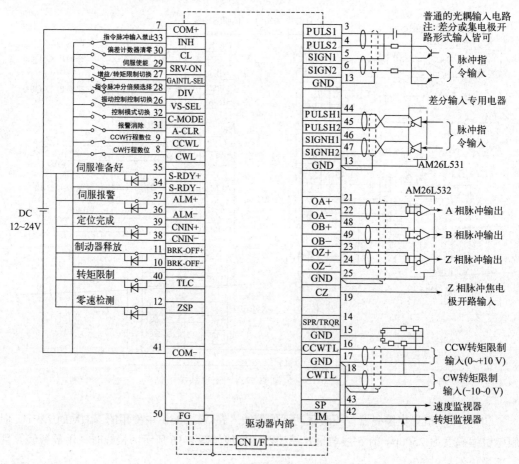

图 6-17　MADDT1207003 伺服驱动器的控制端口图

接右限位开关输入；有 6 路开关量输出，只用到了 CNX5-37（ALM+）伺服报警；有 2 路脉冲量输入，在 YL-335B 中分别用脉冲信号和方向指令信号连接到 PLC 的高速输出端；有 3 路脉冲量输出，3 路模拟量输入，在 YL-335B 中未使用。

（3）伺服驱动器的参数设置与调整

松下的伺服驱动器有 7 种控制运行方式，即位置控制、速度控制、转矩控制、位置/速度控制、位置/转矩、速度/转矩、全闭环控制。位置方式就是输入脉冲串来使电机定位运行，电机转速与脉冲串频率相关，电机转动的角度与脉冲个数相关；速度方式有两种，一是通过输入直流–10～+10V 指令电压调速，二是选用驱动器内设置的内部速度来调速；转矩方式是通过输入直流–10～+10V 指令电压调节电机的输出转矩，这种方式下运行必须要进行速度限制，有两种方法，一是设置驱动器内的参数来限制，二是输入模拟量电压限速。

① 参数设置方式操作说明　MADDT1207003 伺服驱动器的参数共有 128 个，Pr.00～Pr.7F，可以通过与 PC 连接后在专门的调试软件上进行设置，也可以在驱动器的面板上进行设置。下面以面板操作为例，具体说明参数设置过程。驱动器上的操作面板如图 6-18 所示，各个按钮的说明如表 6-3 所示。

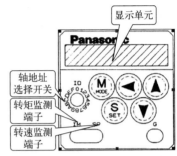

图 6-18　驱动器参数设置面板

表 6-3　伺服驱动器面板按钮的说明

按键说明	激活条件	功能
M MODE	在模式显示时有效	在以下 5 种模式之间切换： ① 监视器模式； ② 参数设置模式； ③ EEPROM 写入模式； ④ 自动调整模式； ⑤ 辅助功能模式
S SET	一直有效	用来在模式显示和执行显示之间切换
▲ ▼	仅对小数点闪烁的一位数据位有效	改变各模式里的显示内容、更改参数、选择参数或执行选中的操作
◄		把移动的小数点移动到更高位数

面板操作说明：

a. 参数设置，先按 SET 键，再按 MODE 键选择到"Pr00"后，按向上、向下或向左的方向键选择通用参数的项目，按 SET 键进入。然后按向上、向下或向左的方向键调整参数，调整完后，按 S 键返回。选择其他项再调整。

b. 参数保存，按 M 键选择到 EE-SET 后按 SET 键确认，出现 EEP-，然后按向上键 3s，出现 Finish 或 Reset，然后重新上电即保存。

c. 手动 JOG 运行，按 MODE 键选择到 AF-ACL，然后按向上、向下键选择到 AF-JOG，按 SET 键一次，显示 JOG-，然后按向上键 3s 显示 ready，再按向左键 3s 出现 sur-on 锁紧轴，按向上、向下键，点击正反转。注意先将 S-ON 断开。

② 部分参数说明　YL-335B 上，伺服驱动装置工作于位置控制模式，FX1N-40MT 的 Y000 输出脉冲作为伺服驱动器的位置指令，脉冲的数量决定了伺服电机的旋转位移，即机械手的直线位移，脉冲的频率决定了伺服电机的旋转速度，即机械手的运动速度，输出点 Y002 作为伺服驱动器的方向指令。对于控制要求较为简单，伺服驱动器可采用自动增益调整模式。根据上述要求，伺服驱动器的参数设置如表 6-4 所示。

表 6-4　伺服驱动器的参数设置

序号	参数		设置数值	功能和含义
	参数编号	参数名称		
1	Pr.01	LED 初始状态	1	显示电机转速
2	Pr.02	控制模式	0	位置控制（相关代码 P）
3	Pr.04	行程限位禁止输入无效设置	2	若左或右限位动作，则会发生 Err38 行程限位禁止输入信号出错报警。设置此参数值必须在控制电源断电重启之后才能修改、写入成功
4	Pr.20	惯量比	1678	该值自动调整得到
5	Pr.21	实时自动增益设置	1	实时自动调整为常规模式，运行时负载惯量的变化情况很小
6	Pr.22	实时自动增益的机械刚性选择	1	此参数值设得越大，响应越快，但过大可能不稳定
7	Pr.41	指令脉冲旋转方向设置	1	指令脉冲+指令方向，设置此参数值必须在控制电源断电重启之后才能修改、写入成功
8	Pr.42	指令脉冲输入方式	3	指令脉冲 + 指令方向　PULS／SIGN　L低电平　H高电平
9	Pr.48	指令脉冲分倍频第 1 分子	10000	每转所需指令脉冲数=编码器分辨率×$\dfrac{Pr.4B}{Pr.48\times 2^{Pr.4A}}$，编码器分辨率为 10000（即 2500p/r×4），则每转所需指令脉冲数：$10000\times\dfrac{Pr.4B}{Pr.48\times 2^{Pr.4A}}=10000\times\dfrac{5000}{10000\times 2^{0}}=5000$
10	Pr.49	指令脉冲分倍频第 2 分子	0	
11	Pr.4A	指令脉冲分倍频分子倍率	0	
12	Pr.4B	指令脉冲分倍频分母	5000	

三、FX1N 的脉冲功能指令

对输送单元步进电机和伺服电机的控制主要是定位控制，可以使用 FX1N 的简易定位控制指令实现。简易定位控制指令包括原点回归指令 ZRN、相对位置控制指令 DRVI、绝对位置控制指令 DRVA 和可变速脉冲输出指令 PLSV，分别介绍如下。

（1）原点回归指令 ZRN

原点回归指令主要用于上电时和初始运行时，搜索和记录原点位置信息。

该指令要求提供一个近点信号，原点回归动作须从近点信号的前端开始，以指定的以原点回归速度开始移动；当近点信号由 OFF 变为 ON 时，减速至爬行速度；最后，当近点信号由 ON 变为 OFF 时，在停止脉冲输出的同时，使当前值寄存器（Y000:[D8141, D8140]。Y001:[D8143, D8142]）清零。动作过程示意如图 6-19 所示。

由此可见，原点回归指令要求提供 3 个源操作数和 1 个目标操作数，源操作数为：①原点回归开始的速度；②爬行速度；③指定近点信号输入。目标操作数为指定脉冲输出的 Y 编号（仅限于 Y000 或 Y001）。原点回归指令格式如图 6-20 所示。

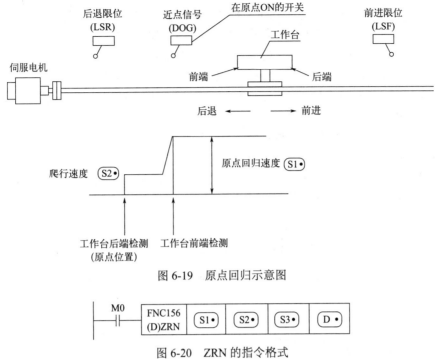

图 6-19　原点回归示意图

图 6-20　ZRN 的指令格式

使用原点回归指令编程时应注意：

① 回归动作必须从近点信号的前端开始，因此当前值寄存器（Y000：[D8141，D8140]，Y001：[D8143，D8142]）数值将向减少方向动作。

② 原点回归速度，对于 16 位指令，这一源操作数的范围为 10～32767Hz，对于 32 位指令，范围为 10～100kHz。

③ 近点输入信号宜指定输入继电器(X)，否则由于会受到可编程控制器运算周期的影响，会引起原点位置的偏移增大。

④ 在原点回归过程中，指令驱动接点变 OFF 状态时，将不减速而停止。并且在"脉冲输出中"标志（Y000：M8147。Y001：M8148）处于 ON 时，将不接受指令的再次驱动。仅当回归过程完成，执行完成标志（M8029）动作的同时，"脉冲输出中"标志才变为 OFF。

⑤ 安装 YL-335B 时，通常把原点开关的中间位置设定为原点位置，并且恰好与供料单元出料台中心线重合。

例：

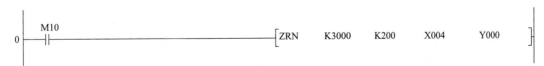

K3000：指令开始运行时的输出脉冲频率，可以用寄存器间接设定，只能是正数。

K200：到达近原点后的输出脉冲频率，可以用寄存器间接设定，只能是正数。

X004：近点信号，任何一个外部输入点和内部中间继电器，但是当应用内部中间继电器时，会因程序扫描周期的影响而造成原点回归位置偏差增大，所以最好是用外部输入点。

Y000：脉冲输出地址，只能是 Y000 或是 Y001。

在执行过程中，M10 如果断开，ZRN 将执行不减速立刻停止脉冲输出。

（2）相对位置控制指令 DRVI 和绝对位置控制指令 DRVA

使用原点回归指令使抓取机械手返回原点时，按上述动作过程，机械手应该在原点开关动作的下降沿停止，显然这时机械手并不在原点位置上，因此，原点回归指令执行完成后，应该再用下面所述的相对或绝对位置控制指令驱动机械手向前低速移动一小段距离，这样才能真正到达原点。

进行定位控制时，目标位置的指定可以用两种方式：一种是指定当前位置到目标位置的位移量（以带符号的脉冲数表示），可以用相对位置控制指令 DRVI 实现；另一种是直接指定目标位置对于原点的坐标值（以带符号的脉冲数表示），可以用绝对位置控制指令 DRVA 实现。

相对位置控制指令 DRVI 和绝对位置控制指令 DRVA 的指令格式如图 6-21 和图 6-22 所示。

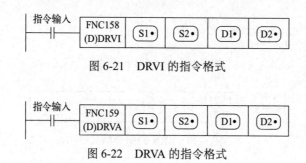

图 6-21　DRVI 的指令格式

图 6-22　DRVA 的指令格式

指令说明：

① 源操作数 S1 给出目标位置信息，但对于相对方式和绝对方式则有不同含义。

对于相对位置控制指令，此操作数指定从当前位置到目标位置所需输出的脉冲数（带符号）；对于绝对位置控制指令，指定目标位置对于原点的坐标值（带符号的脉冲数），执行指令时，输出的脉冲数是输出目标设定值与当前值之差。

对于 16 位指令，此操作数的范围为 -32768~+32767，对于 32 位指令，范围为 -999999~+999999。

② 源操作数 S2，目标操作数 D1 和 D2，对于两个指令，均有相同含义。

S2 指定输出脉冲频率，对于 16 位指令，操作数的范围为 10~32767Hz，对于 32 位指令，范围为 10~100kHz。

D1 指定脉冲输出地址，指令仅能用于 Y000、Y001。D2 指定旋转方向信号输出地址。当输出的脉冲数为正时，此输出为 ON，而当输出的脉冲数的为负时，此输出 OFF。

使用这两个指令编程时应注意：

a. 指令执行过程中，Y000 输出的当前值寄存器为[D8141（高位），D8140（低位）]（32 位）；Y001 输出的当前值寄存器为[D8143（高位），D8142（低位）]（32 位）。

b. 在指令执行过程中，即使改变操作数的内容，也无法在当前运行中表现出来，只在下一次指令执行时才有效。

c. 若在指令执行过程中，指令驱动的接点变为 OFF，将减速停止。此时执行完成标志 M8029 不动作。

指令驱动接点变为 OFF 后，在 "脉冲输出中" 标志（Y000：[M8147]。Y001：[M8148]）处于 ON 时，将不接受指令的再次驱动。

d. 执行 DRVI 或 DRVA 指令时，需要如下一些基本参数信息，请在 PLC 上电时（M8002 ON）写入相应的特殊寄存器中。

• 指令执行时的最高速度，指定的输出脉冲频率必须小于该最高速度。设定范围为 10～100kHz，存放于[D8147，D8146]中。

• 指令执行时的基底速度，存放于[D8145] 中。设定范围为最高速度（D8147，D8146）的 1/10 以下，超过该范围时，自动降为最高速度的 1/10 数值运行。

• 指令执行时的加减速时间。加减速时间表示到达最高速度（D8147，D8146）所需的时间。因此，当输出脉冲频率低于最高速度时，实际加减速时间会缩短。设定范围为 50～5000ms。

e. 在编程 DRVI 或 DRVA 指令时须注意各操作数的相互配合：

• 加减速时的变速级数固定在 10 级，故一次变速量是最高频率的 1/10。在驱动步进电机的情况下，设定最高频率时应考虑在步进电机不失步的范围内。

• 加减速时间不小于 PLC 的扫描时间最大值（D8012 值）的 10 倍，否则加减速各级时间不均等（更具体的设定要求，请参阅 FX1N 编程手册）。

(3) 可变速脉冲输出指令 PLSV

它是一个附带旋转方向的可变速脉冲输出指令。执行这一指令，即使在脉冲输出状态中，仍然能够自由改变输出脉冲频率。指令格式示例如图 6-23 所示。

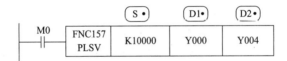

图 6-23 可变速脉冲输出指令格式示例

图 6-23 中，源操作数 S 指定输出脉冲频率，对于 16 位指令，操作数的范围为 1～32767Hz、–32767～–1Hz；对于 32 位指令，范围为 1～100kHz，–100～–1kHz。

目标操作数 D1 指定脉冲输出地址，仅能用于 Y000、Y001。

目标操作数 D2 指定旋转方向信号输出地址，当为正值时输出为 ON。

使用 PLSV 指令时须注意：

① 在启动/停止时不执行加减速，若有必要进行缓冲开始，停止时，可利用 FNC67（RAMP）等指令改变输出脉冲频率的数值。

② 指令驱动接点变为 OFF 后，在"脉冲输出中"标志 Y000：[M8147]。Y001：[MS148] 处于 ON 时，将不接受指令的再次驱动。

📚 学习环节四

项目准备

在项目实施之前，有必要对输送单元中所使用的材料和工具进行认真检查。输送单元的元件检查清单如表 6-5 所示。

表 6-5　输送单元元件检查清单

已观看输送单元的 FLASH 视频?		□是	□否
已观看输送单元的安装视频?		□是	□否
已观看输送单元的现场工作?		□是	□否
元件名称	规格	数量	好坏
磁性开关			
限位开关			
升降气缸			
伸缩气缸			
气动摆台			
气动手指			
电磁阀组			
PLC			

学习环节五

项目实施

一、训练要求

① 熟悉输送单元的功能及结构组成。

② 能够根据控制要求设计气动控制回路原理图，安装执行器件并进行调试。

③ 安装所使用的传感器并能调试。

④ 查明 PLC 各端口地址，根据要求编写程序和调试。

⑤ 能够进行输送单元的人机界面设计和调试。

二、任务分工

按照 3～5 名同学一组进行分配，每组选出组长 1 名，组长对小组任务进行分配，组员根据任务职责完成相关任务。任务分配表如表 6-6 所示。

表 6-6　任务分工表

序号	任务描述	组员
1	机械组件安装与调试	
2	气动回路连接与调试	
3	电气回路接线与调试	
4	程序编写与调试	
5	资料整理	

三、输送单元安装与调试工作计划

同学们可按照表 6-7 所示的工作计划表对输送单元的安装与调试进行记录。

表 6-7 工作计划表

步骤	内 容	计划时间/h	实际时间/h	完成情况
1	整个练习的工作计划	0.25		
2	制订安装计划	0.25		
3	本单元任务描述和任务所需图纸与程序	1		
4	写材料清单和领料单	0.25		
5	机械部分安装与调试	1		
6	传感器安装与调试	0.25		
7	按照图纸进行电路安装	0.5		
8	气路安装	0.25		
9	气源与电源连接	0.25		
10	PLC 控制编程	1		
11	输送单元的人机界面设计	2		
12	按质量要求检查整个设备	0.25		
13	本单元各部分设备的通电、通气测试	0.25		
14	对老师发现和提出的问题进行回答	0.25		
15	输入程序,进行整个装置的功能调试	0.5		
16	如果必要,则排除故障	0.25		
17	该任务成绩的评估	0.5		

四、实施

1. 输送单元机械部分的安装与调试

（1）机械组件的组成

输送单元机械部分
的安装与调试

抓取机械手装置是一个能实现三自由度（即升降、伸缩、气动手指夹紧/放松和沿垂直轴旋转的四维运动）的工作单元。该装置整体安装在直线运动传动组件的滑动溜板上，在传动组件的带动下整体做直线往复运动，定位到其他各工作单元的物料台，完成抓取和放下工件的功能。

（2）机械组件的安装方法

① 组装直线运动传动组件的步骤如下：

a. 在底板上装配直线导轨：输送单元直线导轨是一对长度较长的精密机械运动部件，安装时应首先调整好两导轨的相互位置（间距和平行度），然后紧定其固定螺栓。由于每个导轨的固定螺栓达 18 个，紧定时必须按一定的顺序逐步进行，使其运动平稳、受力均匀、运动噪声小。

b. 装配大溜板、4 个滑块组件：将大溜板与两直线导轨上的 4 个滑块的位置找准并进行固定。在拧紧固定螺栓的时候，应一边推动大溜板左右运动，一边拧紧螺栓，直到滑动顺畅为止。

c. 连接同步带：将连接了 4 个滑块的大溜板从导轨的一端取出。由于用于滚动的钢球嵌在滑块的橡胶套内，一定要避免橡胶套受到破坏或用力太大致使钢球掉落。将两个同步带固定座安装在大溜板的反面，用于固定同步带的两端。

接下来分别将调整端同步轮安装支架组件、电机侧同步轮安装支架组件上的同步轮套入同步带的两端，在此过程中应注意电机侧同步轮安装支架组件的安装方向、两组件的相对位置，并将同步带两端分别固定在各自的同步带固定座内，同时也要注意保持连接安装好后的同步带平顺一致。完成以上安装任务后，再将滑块套在柱形导轨上，套入时，一定不能损坏滑块内的滑动滚珠以及滚珠的保持架。

d. 装配同步轮安装支架组件：先将电机侧同步轮安装支架组件用螺栓固定在导轨安装底板上，再将调整端同步轮安装支架组件与底板连接，然后调整好同步带的张紧度，锁紧螺栓。

e. 安装伺服电机：将电机安装板固定在电机侧同步轮支架组件的相应位置，将电机与电机安装板连接，并在主动轴、电机轴上分别套接同步轮，安装好同步带，调整电机位置，锁紧连接螺栓。最后安装左右限位开关以及原点开关支座。

② 抓取机械手装置的装配步骤如下：

a. 提升机构组装如图 6-24 所示。

b. 把气动摆台固定在组装好的提升机构上，然后在气动摆台上固定导向气缸安装板。

c. 连接气动手指和导向气缸，然后把导杆气缸固定到导向气缸安装板上，完成抓取机械手装置的装配。

d. 把抓取机械手装置固定到直线运动传动组件的大溜板上，如图 6-25 所示。最后，检查摆台上的导向气缸、气动手指组件的回转位置是否满足在其余各工作站上抓取和放下工件的要求，不满足时应进行适当的调整。

图 6-24　提升机构组装

图 6-25　装配完成的抓取机械手装置

2. 输送单元气动元件的安装与调试

（1）气动系统的组成

输送单元的气动系统主要包括气源、气动汇流板、直线气缸、气动摆台、气动手指、单电控二位五通电磁换向阀、双电控二位五通电磁换向阀、单向节流阀、消声器、快速接头、气管等，主要作用是完成机械手的伸缩、抓取、升降、旋转等操作。

输送单元的气动执行元件由 4 个气缸组成，其中，1B1、1B2 为安装在升降气缸上的 2 个位置检测传感器（磁性开关）；2B1、2B2 为安装在机械手伸缩气缸上的 2 个位置检测传感器（磁性开关）；3B1、3B2 为安装在气动摆台上的 2 个位置检测传感器（磁性开关）；4B1 为安装在气动手指上的 1 个位置检测传感器（磁性开关）。单向节流阀用于升降气缸和伸缩气缸的调速，电控二位五通电磁换向阀用于气动摆台和气动手指的调速，气动汇流板用于组装单电控二位五通电磁换向阀及其附件。

（2）气路控制原理图

装配单元的气路控制原理图如图 6-26 所示。图中，气源经汇流板分给 4 个换向阀的进气口，气缸 1A、2A、3A、4A 的两个工作口与电磁阀工作口之间均安装了单向节流阀，通过尾气节流阀来调整气缸的速度。排气口安装的消声器可减小排气的噪声。

（3）气路的连接方法

① 单向节流阀应安装在气缸的工作口上，并缠绕好密封带，以免运行时漏气。

② 单电控二位五通电磁换向阀的进气口和工作口应安装好快速接头，并缠绕好密封带，以免运行时漏气。

③ 气动汇流板的排气口应安装好消声器，并缠绕好密封带，以免运行时漏气。

④ 气动元件对应气口之间用塑料气管进行连接，做到安装美观，气管不交叉并保持气路畅通。

（4）气路系统的调试方法

输送单元气路系统的调试主要是针对气动执行元件的运行情况进行的，其调试方法是通过手动控制单向换向阀，观察气动执行元件的动作情况：气动执行元件运行过程中检查各管路的连接处是否有漏气现象，是否存在气管不畅通的现象。同时通过各单向节流阀的调整来获得稳定的气动执行元件运行速度。

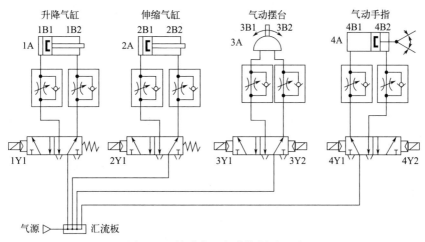

图 6-26　输送单元气路控制原理图

3. 输送单元传感器的安装与接线

（1）磁性开关的安装与接线

① 磁性开关的安装　装配单元设计 2 个双作用气缸、1 个气动摆台、1 个气动手指，由 7 个磁性开关作为气动执行元件的极限位置检测元件。磁性开关的安装方法与供料单元中磁性开关的安装方法相同。

② 磁性开关的接线　磁性开关的输出为 2 线（棕色+，蓝色−），连接时蓝色线与直流电源的负极相连，棕色线与 PLC 的输入点相连。

（2）金属接近开关的安装与接线

① 金属接近开关的安装　输送单元中的金属接近开关用于机械手返回原点位置的检测。

金属接近开关的安装与分拣单元中金属接近开关的安装方法相同。

② 金属接近开关的接线　金属接近开关的输出为3线（棕色+，蓝色–，黑色输出），连接时棕色线与直流电源的正极相连，蓝色线与直流电源的负极相连，黑色线与PLC的输入点相连。

4. 输送单元PLC的安装与调试

（1）输送单元装置侧接线

输送单元装置侧接线，一是把输送单元各个传感器、电源线、0V线按规定接至装置侧左边较宽的接线端子排，二是把输送单元电磁阀的信号线接至装置侧右边较窄的接线端子排。其信号线与端子排号如表6-8所示。

表6-8　输送单元装置侧的接线端口信号端子的分配

输入端口			输出端口		
端子排号	设备符号	信号线	端子排号	设备符号	信号线
2	BG1	原点开关	2	PLS	脉冲
3	SQ1	右限位开关	3	DIR	方向
4	SQ2	左限位开关	4	1Y1	提升台上升
5	1B1	提升台抬升上限	5	3Y1	气动摆台左旋
6	1B2	提升台抬升下限	6	3Y2	气动摆台右旋
7	3B1	气缸旋转左限	7	2Y1	手爪伸出
8	3B2	气缸旋转右限	8	4Y1	手爪夹紧
9	2B1	手爪伸出到位	9	4Y2	手爪松开
10	2B2	手爪缩回到位			
11	4B1	手爪夹紧到位			

（2）输送单元PLC侧接线

PLC侧接线包括电源接线、PLC输入/输出端子的接线。PLC侧接线端子排为双层两列端子，左边较窄的一列主要接PLC的输出接口，右边较宽的一列接PLC的输入接口。两列中的下层分别接24V电源端子和0V端子。输送单元PLC的I/O接线原理图如图6-27所示。

5. 安装过程中应注意的问题

① 伺服电机或步进电机都是精密装置，安装时注意不要敲打它的轴端，更千万不要拆卸电机。

② 在安装机械手装置的过程中，要先找好导向气缸安装板与气动摆台连接的原始位置，以便有足够的回转角度。

③ 电磁阀工作口与执行元件工作口的连接要正确，以免产生相反的动作而影响正常操作。

④ 气管与快速接头插拔时，按压快速接头伸缩件时用力要均匀，避免硬拉而造成接头损坏。

⑤ 气路安装完毕后应注意气缸和气动手指的初始位置，如不对应按照气路图进行调整。

6. 输送单元PLC的编程与调试

（1）输送单元PLC的I/O分配表

根据输送单元装置侧的接线端口信号端子的分配（见表6-8）和工作任务的要求，PLC的I/O信号分配如表6-9所示。

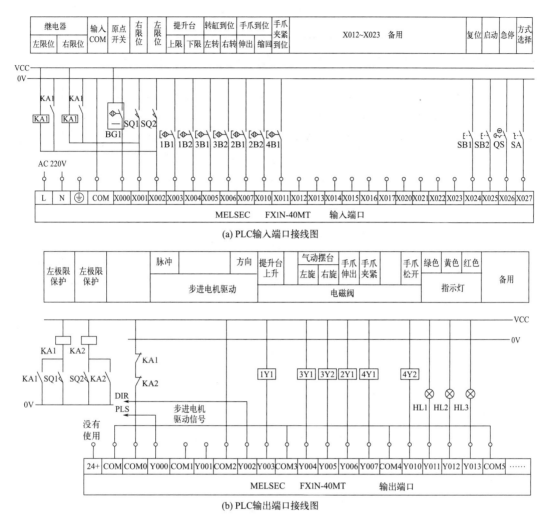

图 6-27　输送单元 PLC 的 I/O 接线原理图

表 6-9　输送单元 PLC 的 I/O 信号表

输入信号				输出信号			
序号	PLC 输入点	信号名称	信号来源	序号	PLC 输出点	信号名称	信号来源
1	X000	原点开关检测	装置侧	1	Y000	脉冲	装置侧
2	X001	右限位保护		2	Y001		
3	X002	左限位保护		3	Y002	方向	
4	X003	提升台上限检测	装置侧	4	Y003	提升台上升电磁阀	
5	X004	提升台下限检测		5	Y004	气动摆台左旋电磁阀	
6	X005	机械手旋转左限检测		6	Y005	气动摆台右旋电磁阀	
7	X006	机械手旋转右限检测		7	Y006	手爪伸出电磁阀	
8	X007	手爪伸出检测	装置侧	8	Y007	手爪夹紧电磁阀	
9	X010	手爪缩回检测		9	Y010	手爪放松电磁阀	
10	X011	手爪夹紧检测		10	Y011	正常工作指示	
11	X012			11	Y012	运行指示	

续表

输入信号				输出信号			
序号	PLC 输入点	信号名称	信号来源	序号	PLC 输出点	信号名称	信号来源
12				12	Y013	报警指示	
13				13	Y014		
14	X013～X023 未接线			14	Y015		按钮/指示灯模块
15				15	Y016		
16				16	Y017		
17							
18	X024	复位按钮	按钮/指示灯模块				
19	X025	启动按钮					
20	X026	急停按钮					
21	X027	方式选择					

（2）编程思路

输送单元的控制程序可分为主程序、初态检查复位子程序、回原点子程序、输送控制子程序、抓料子程序、放料子程序和急停处理子程序。

① 主程序　输送单元主程序是一个周期循环扫描的程序。通电延时后进行初态检查，即调用初态检查复位子程序。如果初态检查不成功，则说明设备未就绪，也就是不能启动输送单元使之运行。如果初态检查成功，则会调用回原点子程序，返回原点成功，这样设备进入准备状态，允许启动。启动后，系统进入运行状态，此时主程序每个扫描周期调用输送控制子程序。如果在运行状态下发出停止指令，则系统运行一个周期后转入停止状态，等待系统下一次启动。输送单元主程序顺序控制流程图如图 6-28 所示。

② 初态检查复位子程序和回原点子程序　系统上电且按下复位按钮后，就调用初态检查复位子程序，进入初始状态检查和复位操作阶段，目标是确定系统是否准备就绪，若未准备就绪，则系统不能启动进入运行状态。

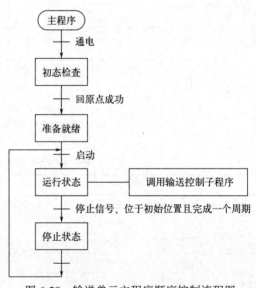

图 6-28　输送单元主程序顺序控制流程图

该子程序的内容是检查各气动执行元件是否处在初始位置，抓取机械手装置是否在原点位置，若没有在则进行相应的复位操作，直至准备就绪。子程序中将嵌套调用回原点子程序，并完成一些简单的逻辑运算，下面着重介绍回原点子程序。

抓取机械手装置返回原点的操作，在输送单元的整个工作过程中都会频繁地进行，因此编写一个子程序供需要时调用是必要的。程序清单如图 6-29 所示。

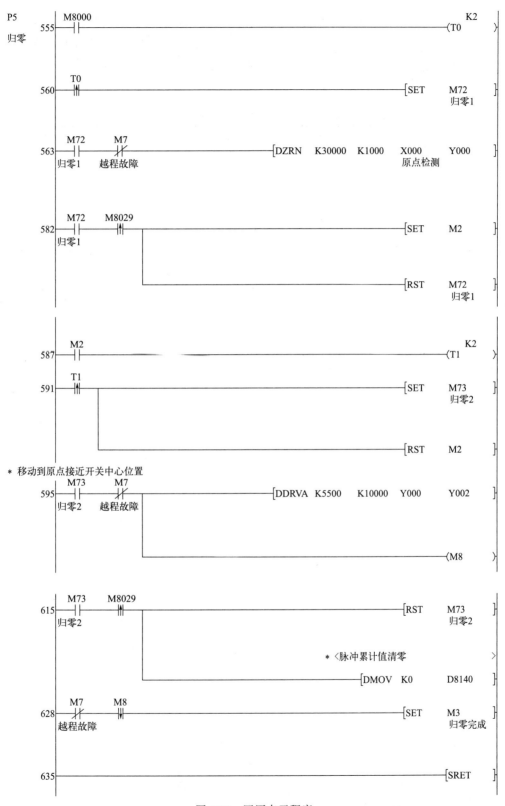

图 6-29　回原点子程序

③ 输送控制子程序 输送单元传送工件的过程是一个步进顺序控制过程，包括两个方面，一是步进电机驱动抓取机械手的定位控制，二是机械手到各工作单元物料台上抓取或放下工件，其中前者是关键。本程序采用绝对位置控制指令来定位，因此需要知道各工位的绝对位置脉冲数。若步进驱动器的细分设置为 10000p/r，则这些数据如表 6-10 所示。

表 6-10 步进电机运行的运动位置

序号	站点	脉冲量
0	低速回零（ZRN）	
1	ZRN（零位）-供料站　22mm	3667
2	供料站-加工站　　430mm	71667
3	供料站-装配站　　780mm	130000
4	供料站-分拣站　　1040mm	173333

输送控制子程序是一个步进程序，编程思路如下：机械手正常返回原点后，机械手伸出抓料，绝对位移 430mm 移动到加工单元，放料；延时 2s，抓料，绝对位移 780mm 移动到装配单元，放料；延时 2s，抓料，机械手左旋 90°，绝对位移 1040mm 移动到分拣单元，放料；高速返回绝对位移 200mm 处，机械手右旋，低速返回原点，完成一个周期的操作。其顺序控制流程图如图 6-30 所示。

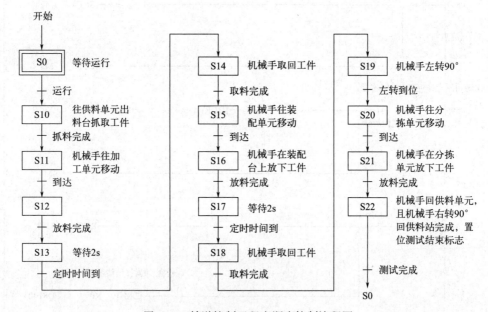

图 6-30 输送控制子程序顺序控制流程图

程序中使用绝对位置控制指令驱动步进电机运动，指定目标位置为 +130000 脉冲（装配单元对原点的坐标，见表 6-10），运行速度为 60kHz。指令执行前的当前位置（加工单元加工台中心线）为 71667 脉冲。指令执行时，自动计算出输出的脉冲数（130000–71667=58333）为正值，故旋转方向信号输出 Y002 ON，步进电机应为正向旋转。

④ 抓料子程序 输送单元抓料子程序也是一个步进程序，其工艺流程为：手爪伸出，延

时 0.5s，手爪夹紧，延时 0.5s，机械手提升，手爪缩回，夹紧电磁阀复位，返回子程序入口。其顺序控制流程图如图 6-31 所示。

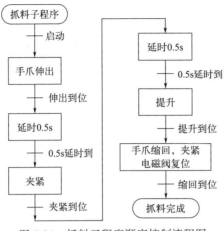

图 6-31 抓料子程序顺序控制流程图

⑤ 放料子程序 输送单元放料子程序也是一个步进程序，其工艺流程为：手爪伸出，延时 0.5s，机械手下降，延时 0.5s，手爪松开，手爪缩回，放松电磁阀复位，返回子程序入口。其顺序控制流程图如图 6-32 所示。

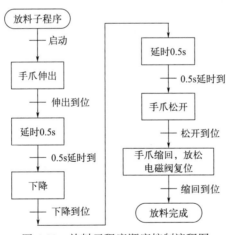

图 6-32 放料子程序顺序控制流程图

⑥ 急停处理子程序 当系统进入运行状态后，在每一扫描周期都调用急停处理子程序。急停处理子程序梯形图如图 6-33 所示。急停动作时，主控位 M20 复位，主控制停止执行。急停复位后，分两种情况说明如下：

a. 若急停前抓取机械手没有在运行中，传送功能测试过程继续运行。

b. 若急停前抓取机械手正在前进中（从供料往加工，或从加工往装配，或从装配往分拣），则当急停复位的上升沿到来时，需要启动使机械手回原点过程。到达原点后，传送功能测试过程继续运行。

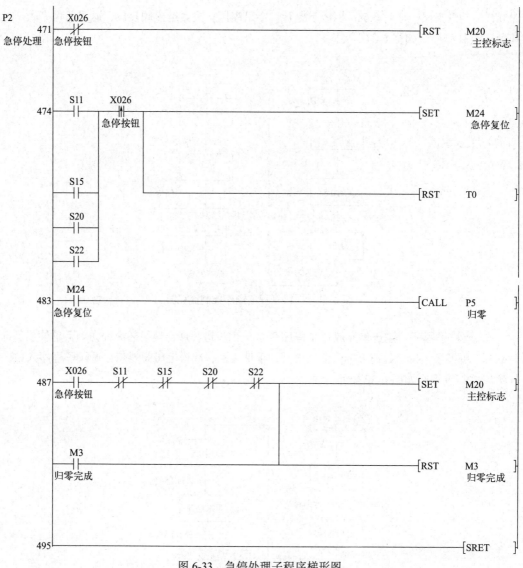

图 6-33　急停处理子程序梯形图

学习环节六

项目考核

根据现场各小组的讨论汇报情况、具体实施情况以及最后的结果，按照表 6-11 对本次任务进行客观评价并记录。

表 6-11 评分表

评分表		工作形式 □个人 □小组分工 □小组	实际工作时间	
训练项目	训练内容	训练要求	学生自评	教师评分
输送单元	1. 工作计划与图纸（20分） 　工作计划 　材料清单 　气路图 　电路图 　程序清单	电路绘制有错误，每处扣 0.5 分；机械手装置运动的限位保护没有设置或绘制有错误，扣 1.5 分；主电路绘制有错误，每处扣 0.5 分；电路图形符号不规范，每处扣 0.5 分，最多扣 2 分		
	2. 部件安装与连接（20分）	装配未能完成，扣 2.5 分；装配完成，但有紧固件松动现象，扣 1 分		
	3. 连接工艺（20分） 　电路连接工艺 　气路连接工艺 　机械安装及装配工艺	端子连接，插针压接不牢或超过 2 根导线，每处扣 0.5 分，端子连接处没有线号，每处扣 0.5 分，两项最多扣 3 分；电路接线没有绑扎或电路接线凌乱，扣 2 分；机械手装置运动的限位保护未接线或接线错误，扣 1.5 分；气路连接未完成或有错，每处扣 2 分；气路连接有漏气现象，每处扣 1 分；气缸节流阀调整不当，每处扣 1 分；气管没有绑扎或气路连接凌乱，扣 2 分		
	4. 测试与功能（30分） 　输送功能 　抓料功能 　放料功能 　整个装置全面检测	启动/停止方式不按控制要求，扣 1 分；运行测试不满足要求，每处扣 0.5 分；工件送料测试，但推出位置明显偏差，每处扣 0.5 分		
	5. 职业素养与安全意识（10分）	现场操作安全保护符合安全操作规程；工具摆放、包装物品、导线线头等的处理符合职业岗位的要求；团队合作有分工、有合作，配合紧密；遵守纪律，尊重教师，爱惜设备和器材，保持工位的整洁		

 ## 课后思考题

1. 如果各个工作站之间的距离发生改变，请问在程序中如何改变？

2. 如果要求输送单元在工作循环 4 次之后停止工作且将加工单元设置为原点，如何编程？

《输送单元的安装与调试》测试题

拓展案例 培养创新意识，争做探索先锋

在中国古代科技史上，有一个传奇般的发明，它不仅让当时的人们惊叹不已，而且在今天看来仍具有很高的科技含量，这就是三国时期蜀汉丞相诸葛亮所创造的"木牛流马"。那么，这个被誉为古代科技奇迹的木牛流马究竟是如何运作的呢？我们将从历史文献中挖掘诸葛亮的木牛流马背后的科技原理，并结合现代科学知识进行解读。

我们需要了解一下木牛流马的历史背景。据《三国志》记载，诸葛亮为了解决运输粮

食的问题，发明了木牛流马。这种运输工具在当时的战争环境中发挥了重要作用，为蜀汉军队提供了稳定的粮草供应，成为战争胜利的关键因素之一。

从历史文献中我们可以了解到，木牛流马主要由两部分组成：木牛和流马。木牛是一种类似于独轮手推车的运输工具，主要用于运送粮食；流马则是一种类似于马车的运输工具，主要用于运送人员和物资。这两部分可以相互配合使用，实现高效的运输。

木牛流马究竟是如何运作的呢？结合现代科学知识，我们可以推测其工作原理如下：

① 木牛：木牛的结构主要包括一个车轮、一个车架和一些杠杆。当需要运输粮食时，将粮食放入车架内，然后用杠杆将车轮抬起，使车轮与地面分离。此时，木牛处于空载状态，可以轻松地推动它前进。当到达目的地后，放下杠杆，使车轮落地，然后将粮食卸下。这种设计既节省了人力，又提高了运输效率。

② 流马：流马的结构相对复杂一些，主要包括一个车轮、一个车架、一个车厢和一些杠杆。当需要运输人员或物资时，将人员或物资放入车厢内，然后用杠杆将车轮抬起。此时，流马处于空载状态，可以轻松地推动它前进。当到达目的地后，放下杠杆，使车轮落地，然后将人员或物资卸下。这种设计同样既节省了人力，又提高了运输效率。

据记载，每辆木牛流马能负重超过200kg，远超同期普通的牲畜运输，而且不会疲劳，可持续工作，极大提高了运输效率。

诸葛亮成功使用木牛流马完成了长达250km的行军任务，展现了他在后勤保障方面的独到智慧。

诸葛亮的木牛流马，这不仅仅是一个名字，更是一个古代科技的象征。其技术含量之高、设计思想之先进，足以令现代人叹为观止。

木牛流马的出现，对于当时的交通和军事运输来说，无疑是一场革命性的改变。在那个没有现代交通工具的时代，人们主要依靠人力和畜力进行运输，效率低下且耗时耗力。然而，诸葛亮却凭借他的智慧，创造出了这样一件神奇的装置。木牛流马不仅能够自动行走，还能承载大量的粮食和物资，极大地提高了运输效率，节省了大量的人力和物力。

更为关键的是，木牛流马为蜀汉军队提供了稳定的粮草供应。在那个战争频发的时代，粮草供应是决定战争胜负的关键因素之一。有了木牛流马这样的神奇发明，蜀汉军队能够在战场上保持长久的战斗力，从而在多次战役中取得了胜利。这也使得蜀汉军队在战争中占据了优势地位，成为了那个时代的一支强大的军队。

综上所述，木牛流马作为古代科技的奇迹，通过其发明原理和用途的解析，透视了古人智慧与创造力的伟大。它在古代交通运输中起到了重要的推动作用，提高了运输效率，扩大了贸易范围，促进了社会经济的发展。木牛流马的发明不仅代表了中国古代科技的

高度，也展示了古代人民的智慧和创造力。木牛流马作为古代科技的奇迹，见证了古代智慧与创新的辉煌。

附：输送单元工作单

项目名称			输送单元的安装与调试			
姓名		学号		班级		小组		日期	

一、资讯

1. 输送单元元件认知

新增元件		工作原理	问题
抓取机械手装置	连接件 伸缩气缸 气动手指 手爪 气动摆台 导柱 磁性开关 升降气缸		描述其工作过程
二位五通双电控电磁阀			双电控电磁阀与单电控电磁阀的区别？
Kinco 三相步进电机 3S57Q-04056			步进电机共有几根引出线？如何接线？
Kinco 3M458 三相步进电机驱动器			1.细分设置起什么作用？ 2.行进一定距离应发脉冲数如何计算？ 3.如何将步进电机与其驱动器配合使用？

2. 安全操作规范

安全操作规范		不规范的后果
气路操作	1. 气路连接完成、无错 2. 气路连接无漏气现象 3. 气管气缸节流阀调整合理、恰当 4. 气管有绑扎、气路连接规范	
电气操作	1. 端子连接、插针压接质量好，同一端子不超过2根导线，端子连接处有线号等 2. 电路图形符号规范 3. 电路接线有绑扎，电路接线不凌乱、条理、美观 4. 传感器接线正确	
设备操作	1. 装配完成，无紧固件松动现象 2. 推料/顶料气缸活塞杆返回时没有被卡住	
安全操作	1. 接线后，对照接线图检查完一遍，确认无差错后再上电 2. 设备要接地，强电要过载保护	
职业素养	1. 工具、元件、电线摆放合理 2. 线头、纸屑、灰尘打扫干净	

二、决策

按照 3～5 名同学一组进行分配，每组选出组长 1 名，组长对小组任务进行分配，组员根据任务职责完成相关任务。任务分配表如表 1 所示。

表 1　任务分工表

序号	任务描述	组员
1	机械组件安装与调试	
2	气动回路连接与调试	
3	电气回路接线与调试	
4	程序编写与调试	
5	资料整理	

三、计划

按照表 2 所示的工作计划表对输送单元的安装与调试进行记录。

表 2　工作计划表

步骤	内　容	计划时间/h	实际时间/h	完成情况
1	整个练习的工作计划	0.25		
2	制订安装计划	0.25		
3	本单元任务描述和任务所需图纸与程序	1		
4	写材料清单和领料单	0.25		
5	机械部分安装与调试	1		
6	传感器安装与调试	0.25		
7	按照图纸进行电路安装	0.5		
8	气路安装	0.25		
9	气源与电源连接	0.25		
10	PLC 控制编程	1		
11	输送单元的人机界面设计	2		
12	按质量要求检查整个设备	0.25		
13	本单元各部分设备的通电、通气测试	0.25		
14	对老师发现和提出的问题进行回答	0.25		
15	输入程序，进行整个装置的功能调试	0.5		
16	如果必要，则排除故障	0.25		
17	该任务成绩的评估	0.5		

四、实施

1. 准备

在项目实施之前，有必要对输送单元中所使用的材料和工具进行认真检查。输送单元的元件检查清单如表 3 所示。

表 3　输送单元元件检查清单

已观看输送单元的 FLASH 视频？		□是	□否
已观看输送单元的安装视频？		□是	□否
已观看输送单元的现场工作？		□是	□否
元件名称	规格	数量	好坏
磁性开关			
金属接近开关			
限位开关			
升降气缸			
伸缩气缸			
气动摆台			
气动手指			
电磁阀组			
PLC			

2. 机械组装

按照下图所示组装顺序完成输送单元机械部分的安装，并填写安装调试工作单（表4）。

(a) 在底板上安装两条直线导轨　　　　　　(b) 装配滑块和大溜板

(c) 固定同步带固定座　　(d) 固定同步轮安装座　　(e) 安装电机

(a) 机械手支撑板　　　　(b) 提升机构　　　　(c) 提升气缸

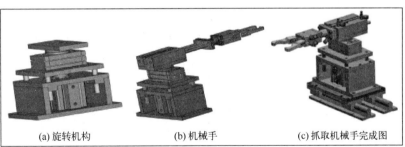

(a) 旋转机构　　　　(b) 机械手　　　　(c) 抓取机械手完成图

表4　输送单元机械安装调试工作单

安装步骤	计划时间	实际时间	工具	是否返工，返工原因及解决方法
直线导轨的安装				
抓取机械手的安装				
伺服电机的安装				
传感器的安装				
电磁阀的安装				
整体安装				
调试过程	传送带转动是否正常 原因及解决方法：			
	气缸推出是否顺利 原因及解决方法：			
	气路是否能正常换向 原因及解决方法：			
	其他故障及解决方法：			

3. 气路连接

(1) 按照如下输送单元的气动回路图连接气路。

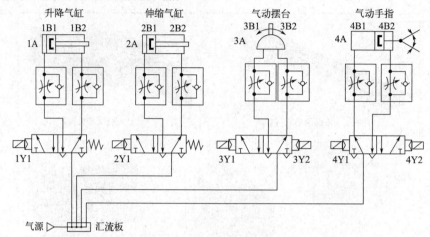

(2) 输送单元气动回路连接初态检查如表 5 所示。

表 5　输送单元气路安装与调试工作单

调试内容	是	否	不正确原因
气路连接是否有漏气现象			
升降气缸伸出是否顺畅			
伸缩气缸缩回是否顺畅			
气动摆台伸出是否顺畅			
气动手指伸出是否顺畅			
备注			

4. 电气设计

(1) 完成输送单元 PLC 的 I/O 分配，填入表 6。

表 6　输送单元 PLC 的 I/O 分配表

序号	PLC 输入点	信号名称	信号来源	序号	PLC 输出点	信号名称	信号来源
		输入信号				输出信号	
1	X000	原点传感器检测		1	Y000	脉冲	
2	X001	右限位保护	装置侧	2	Y001		
3	X002	左限位保护		3	Y002	方向	
4	X003	提升台上限检测		4	Y003	提升台上升电磁阀	
5	X004	提升台下限检测		5	Y004	气动摆台左旋电磁阀	装置侧
6	X005	机械手旋转左限检测		6	Y005	气动摆台右旋电磁阀	
7	X006	机械手旋转右限检测	装置侧	7	Y006	手爪伸出电磁阀	
8	X007	手爪伸出检测		8	Y007	手爪夹紧电磁阀	
9	X010	手爪缩回检测		9	Y010	手爪放松电磁阀	
10	X011	手爪夹紧检测		10	Y011	正常工作指示	
11	X012			11	Y012	运行指示	
12				12	Y013	报警指示	
13				13	Y014		
14	X013～X023			14	Y015		
15	未接线			15	Y016		按钮/指示灯模块
16				16	Y017		
17							
18	X024	复位按钮					
19	X025	启动按钮	按钮/指示灯模块				
20	X026	急停按钮					
21	X027	方式选择					

（2）绘制 PLC 电气接线原理图（另附绘图纸），完成电气部分调试工作单（表7）。

表 7　输送单元电气线路调试工作单

调试内容	正确	错误	原因
原点传感器检测信号			
左限位保护信号			
右限位保护信号			
提升台上限检测信号			
提升台下限检测信号			
摆动气缸左限检测			
摆动气缸右限检测			
手臂伸出检测信号			
手臂缩回检测信号			
手指夹紧检测信号			
伺服报警检测			

（3）不同单元之间距离测试及运行脉冲计算（表8）。

表 8　步进电机运行的运动位置

序号	站点	距离	脉冲量
1	低速回零		
2	零位→供料单元		
3	供料单元→加工单元		
4	加工单元→装配单元		
5	装配单元→分拣单元		

5. 编写 PLC 程序，并调试

（1）控制要求。

① 输送单元在通电后，按下复位按钮 SB1，执行复位操作，使抓取机械手装置回到原点位置。在复位过程中，"正常工作"指示灯 HL1 以 1Hz 的频率闪烁。

当机械手装置回到原点位置，且输送单元各个气缸满足初始位置的要求时，则复位完成，"正常工作"指示灯 HL1 常亮。按下启动按钮 SB2，设备启动，"设备运行"指示灯 HL2 也常亮，开始功能测试过程。

② 抓取机械手装置从供料站出料台抓取工件，抓取的顺序：手臂伸出→手爪夹紧抓取工件→提升台上升→手臂缩回。抓取动作完成后，机械手装置向加工站移动。

③ 机械手装置移动到加工站料料台的正前方后，即把工件放到加工站物料台上。机械手装置在加工站放下工件的顺序：手臂伸出→提升台下降→手爪松开放下工件→手臂缩回。

④ 放下工件动作完成 2s 后，机械手装置执行抓取加工站工件的操作。抓取的顺序与供料站抓取工件的顺序相同。

⑤ 抓取动作完成后，机械手装置移动到装配站物料台的正前方，然后把工件放到装配站物料台上。其动作顺序与加工站放下工件的顺序相同。

⑥ 放下工件动作完成 2s 后，机械手装置执行抓取装配站工件的操作。抓取的顺序与供料站抓取工件的顺序相同。

⑦ 机械手手臂缩回后，摆台逆时针旋转 90°，机械手装置从装配站向分拣站运送工件，到达分拣站传送带上方入料口后把工件放下，动作顺序与加工站放下工件的顺序相同。

⑧ 放下工件动作完成后，机械手手臂缩回，然后执行以 400mm/s 的速度返回原点的操作。返回 900mm 后，摆台顺时针旋转 90°，然后以 100mm/s 的速度低速返回原点停止。

⑨ 当机械手装置返回原点后，一个测试周期结束。当供料单元的出料台上放置了工件时，再按一次启动按钮 SB2，即可开始新一轮的测试。

（2）在下载、运行程序前，必须认真检查程序。

在调试编程之前先要检查输送单元的初始状态是否满足要求，完成输送单元初态调试工作单（表9）。

表 9　输送单元初态调试工作单

	调试内容	是	否	原因
1	升降气缸是否处于下限状态			
2	伸缩气缸是否处于缩回状态			
3	气动摆台是否处于垂直状态			
4	气动手指是否处于松开状态			
5	步进电机是否处于原点状态			
6	供料单元物料仓内物料是否充足			
7	HL1 指示灯状态是否正常			
8	HL2 指示灯状态是否正常			

（3）下载程序，完成运行状态功能调试（表 10）

表 10　输送单元运行状态调试工作单

	调试内容		是	否	原因
启动按钮按下后					
1	HL1 指示灯是否点亮				
2	HL2 指示灯是否常亮				
3	设备回零	机械手机构是否回零			
		直线运动机构是否回零			
4	供料站 有料时	机械手是否正常抓取工件			
		直线机构是否运动			
5	加工站 有料时	机械手是否正常抓取工件			
		直线机构是否运动			
6	装配站 有料时	机械手是否正常抓取工件			
		直线机构是否运动			
7	分拣站 无料时	机械手是否正常放下工件			
		直线机构是否运动			
8	供料站，装配站没有工件时，机械手是否继续工作				
停止按钮按下后					
1	HL1 指示灯是否常亮				
2	HL2 指示灯是否熄灭				
3	工作状态是否正常				

五、检查、评价

根据现场各小组的讨论汇报情况、具体实施情况以及最后的结果，按照表 11 对本次任务进行客观评价并记录。

表 11　评分表

	评分表	工作形式 □个人　□小组分工　□小组		实际工作时间	
训练项目	训练内容	训练要求		学生自评	教师评分
输送单元	1. 工作计划与图纸（20 分） 工作计划 材料清单 气路图 电路图 程序清单	电路绘制有错误，每处扣 0.5 分；机械手装置运动的限位保护没有设置或绘制有错误，扣 1.5 分；主电路绘制有错误，每处扣 0.5 分；电路图形符号不规范，每处扣 0.5 分，最多扣 2 分			
	2. 部件安装与连接（20 分）	装配未能完成，扣 2.5 分；装配完成，但有紧固件松动现象，扣 1 分			
	3. 连接工艺（20 分） 电路连接工艺 气路连接工艺 机械安装及装配工艺	端子连接，插针压接不牢或超过 2 根导线，每处扣 0.5 分，端子连接处没有线号，每处扣 0.5 分，两项最多扣 3 分；电路接线没有绑扎或电路接线凌乱，扣 2 分；机械手装置运动的限位保护未接线或接线错误，扣 1.5 分；气路连接未完成或有错，每处扣 2 分；气路连接有漏气现象，每处扣 1 分；气缸节流阀调整不当，每处扣 1 分；气管没有绑扎或气路连接凌乱，扣 2 分			
	4. 测试与功能（30 分） 输送功能 抓料功能 放料功能 整个装置全面检测	启动/停止方式不按控制要求，扣 1 分；运行测试不满足要求，每处扣 0.5 分；工件送料测试，但推出位置明显偏差，每处扣 0.5 分			
	5. 职业素养与安全意识（10 分）	现场操作安全保护符合安全操作规程；工具摆放、包装物品、导线线头等的处理符合职业岗位的要求；团队合作有分工、有合作，配合紧密；遵守纪律，尊重教师，爱惜设备和器材，保持工位的整洁			

项目七

自动化生产线的联机运行

〈 知识目标

① 了解自动化生产线的生产工艺流程。

② 掌握 FX 系列 PLC N:N 通信协议。

③ 掌握子程序调用等基本功能指令。

④ 掌握自动化生产线整线总调试技能。

〈 能力目标

① 能进行 N:N 通信网络的安装、编程与调试。

② 能够正确编写主站和从站单元 PLC 控制程序，并学会调试程序。

③ 能够完成联机方式和单机方式下自动化生产线的 PLC 程序的编写和调试。

④ 能够解决安装与运行过程中出现的常见问题。

〈 思政素质目标

① 传承严谨细致、追求卓越的工匠精神。

② 养成吃苦耐劳、耐心细致的精神。

③ 养成敬业、精业、勤业、乐业的职业素养与道德。

④ 提高团结协作进行生产线安装调试的能力。

⑤ 提高循序渐进学习的能力。

📖 学习环节一

项目任务书

学习领域	自动化生产线的安装与调试		
学习项目	项目七　自动化生产线的联机运行		
学习小组	第　　　　　组		
工作过程描述	YL-335B 型自动化生产线由供料、加工、装配、分拣和输送等 5 个工作单元组成，各工作单元均设置一台 PLC 承担其控制任务，各 PLC 之间通过 RS-485 串行通信实现互连，构成分布式的控制系统。生产任务：将供料单元料仓内的工件送往加工单元的物料台，完成加工操作后，把加工好的工件送往装配单元的物料台，然后把装配单元料仓内的白色和黑色两种不同颜色的小圆柱工件嵌入物料台上的工件中，完成装配后的成品送往分拣单元分拣输出。工作任务是完成整线的调试，从而完成生产任务。具体过程如下： 　① 供料单元运行。 　系统启动后，若供料单元的出料台上没有工件，则应把工件推到出料台上，并向系统发出出料台上有工件信号。若供料单元的料仓内没有工件或工件不足，则向系统发出报警或预警信号。出料台上的工件被输送单元机械手取出后，若系统仍然需要推出工件进行加工，则进行下一次推出工件操作。 　② 输送单元执行第 1 次运行。 　当工件推到供料单元出料台后，输送单元抓取机械手装置应执行抓取供料单元工件的操作。动作完成后，步进电机驱动机械手装置移动到加工单元加工物料台的正前方，把工件放到加工单元的加工台上。 　③ 加工单元运行。 　加工单元加工台的工件被检出后，执行加工过程。当加工好的工件重新送回待料位置时，向系统发出冲压加工完成信号。 　④ 输送单元执行第 2 次运行。 　系统接收到加工完成信号后，输送单元机械手应执行抓取已加工工件的操作。抓取动作完成后，步进电机驱动机械手装置移动到装配单元物料台的正前方。然后把工件放到装配单元物料台上。 　⑤ 装配单元运行。 　装配单元物料台的传感器检测到工件到来后，开始执行装配过程。装入动作完成后，向系统发出装配完成信号。如果装配单元的料仓或料槽内没有小圆柱工件或工件不足，应向系统发出报警或预警信号。 　⑥ 输送单元执行第 3 次运行。 　系统接收到装配完成信号后，输送单元机械手应抓取已装配的工件，然后从装配单元向分拣单元运送工件，到达分拣单元传送带上方入料口后把工件放下，然后执行返回原点的操作。 　⑦ 分拣单元运行。 　输送单元机械手装置放下工件、缩回到位后，分拣单元的变频器立即启动，驱动传动电机把工件带入分拣区进行分拣，工件分拣原则与单站运行相同。当分拣气缸活塞杆推出工件并返回后，应向系统发出分拣完成信号。 　⑧ 仅当分拣站分拣工作完成，并且输送站机械手装置回到原点时，系统的一个工作周期才认为结束。如果在工作周期期间没有触摸过停止按钮，系统在延时 1s 后开始下一周期的工作。如果在工作周期期间曾经触摸过停止按钮，系统工作结束，警示灯中黄色灯熄灭，绿色灯仍保持常亮。系统工作结束后若再按下启动按钮，则系统又重新工作
教学和学习资源	学习资料	学习软件	实训设备
	教材、实训手册、任务书、工作单、课程网站	GX-Developer-8.86/MCGS 安装包_7.7.1.1_V1.4	自动化生产线的安装与调试实训室
教学组织	分组教学，一组 3～5 人，团队合作		

学习流程	基础知识的准备 → 安全操作规范的熟悉 → 分析自动线工作过程 → 分析可能的故障情况 → 建立PPI通信网络调试 → 各种故障情况调试 → 程序编制与系统调试 → 整理工作台		
	六步法	学生活动	教师活动
学习过程	资讯	确定项目负责人，接受任务，观看 FLASH 动画课件、视频以及整个过程动作，分组讨论，查阅相关资料，准确描述整个 YL-335B 的工作过程	提出工作任务，明确控制要求，负责对 YL-335B 工作过程进行归纳，然后分发任务书
	决策、计划	设计计划，项目计划符合目标要求，讨论方案的可行性，是否符合操作规范，最终确定工作计划。形成计划书一份	对学生给予实时的指导与评价，与学生交流发挥咨询者和协调人的作用
	实施	按照学习流程图开展顺序合理分工，逐项完成子任务，最后合作完成系统工作。形成过程监控记录一份	引导学生完成元器件的选型、电气线路的安全检查，加强与学生的交流，监控每个团队工作进程，设置故障，激发学生思考，做好咨询者角色
	检查、评价	展示成果，各小组对工作完成情况进行自评，并开展互评，取长补短，优化方案。同时根据工作记录写出工作总结，做 PPT 进行汇报	经常向学生了解情况，听取学生的反馈信息，在项目的进展过程中做好记录，在项目结束时进行评价
提交材料	YL-335B 电气接线图一份、YL-335B 气动回路控制图一份、PLC 程序一份、汇报 PPT 一份		
考核要点	机械安装牢固可靠、电气接线无松动、电气图纸绘制标准、各工作单元动作正确无误。软件的使用：上传、下载、运行、通信设置、I/O 地址分配、硬件接线、程序的编写、调试		
考核方式	小组的自我评价、教师对小组的评价、教师对个人的评价		

学习环节二

相关知识讲解

一、认知三菱 FX 系列 PLC N:N 通信

1. 三菱 FX 系列 PLC N:N 通信网络的特性

FX 系列 PLC 支持以下 5 种类型的通信：

① N:N 网络：用 FX2N、FX2NC、FX1N、FX0N 等 PLC 进行的数据传输可建立在 N:N 的基础上。使用这种网络能链接小规模系统中的数据。它适合于数量不超过 8 个的 PLC（FX2N、FX2NC、FX1N、FX0N）之间的互连。

② 并行链接：这种网络采用 100 个辅助继电器和 10 个数据寄存器在 1:1 的基础上来完

认识三菱FX系列
PLC通信

成数据传输。

③ 计算机链接（用专用协议进行数据传输）：用 RS-485（422）单元进行的数据传输在 1:n（16）的基础上完成。

④ 无协议通信（用 RS 指令进行数据传输）：用各种 RS-232 单元，包括个人计算机、条形码阅读器和打印机来进行数据通信，可通过无协议通信完成，这种通信使用 RS 指令或者一个 FX2N-232IF 特殊功能模块。

⑤ 可选编程端口：对于 FX2N、FX2NC、FX1N、FX1S 系列的 PLC，当该端口连接在 FX1N-232BD、FX0N-232ADP、FX1N-232BD、FX2N-422BD 上时，可以与外围设备（编程工具、数据访问单元、电气操作终端等）互连。

N:N 网络建立在 RS-485 传输标准上，网络中必须有一台 PLC 为主站，其他 PLC 为从站，网络中站点的总数不超过 8 个。图 7-1 所示是 YL-335B 系统中 N:N 通信网络的配置。

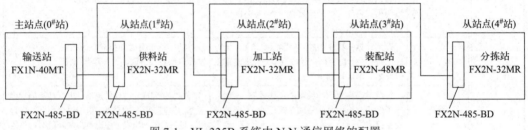

图 7-1　YL-335B 系统中 N:N 通信网络的配置

系统中使用的 RS-485 通信接口板为 FX2N-485-BD，最大延伸距离为 50m，网络的站点数为 5 个。

N:N 网络的通信协议是固定的，通信方式采用半双工通信，波特率固定为 38400 bit/s；数据长度、奇偶检验、停止位、标题字符、终结字符等也均是固定的。

N:N 网络是采用广播方式进行通信的，网络中每一站点都指定一个用特殊辅助继电器和特殊数据寄存器组成的链接存储区，各个站点链接存储区的地址编号都是相同的。各站点向自己站点链接存储区中规定的数据发送区写入数据。网络上任何 1 台 PLC 中的发送区的状态会反映到网络中的其他 PLC，因此，数据可供通过 PLC 链接而连接起来的所有 PLC 共享，且所有单元的数据都能同时完成更新。

2. 安装和连接 N:N 通信网络

网络安装前应断开电源。各站 PLC 应插上 485-BD 通信板。它的 LED 显示/端子排列如图 7-2 所示。

YL-335B 系统的 N:N 链接网络中，各站点间用屏蔽双绞线相连，如图 7-3 所示，接线时须注意终端站要接上 110Ω 的终端电阻（485-BD 板附件）。

进行网络连接时应注意：

① 图 7-3 中，R 为终端电阻。在端子 RDA 和 RDB 之间连接终端电阻（110Ω）。

② 将端子 SG 连接到可编程控制器主体的每个端子，而主体用 100Ω 或更小的电阻接地。

③ 屏蔽双绞线的线径应在 0.4～1.29mm 之间，否则由于端子可能接触不良，不能确保正常的通信。连线时宜用压接工具把电缆插入端子，如果连接不稳定，则通信会出现错误。

如果网络上各站点 PLC 已完成网络参数的设置，则在完成网络连接后，再接通各 PLC 工作电源，可以看到，各站通信板上的 SD LED 和 RD LED 指示灯均出现点亮/熄灭交替的闪烁状态，说明 N:N 网络已经组建成功。

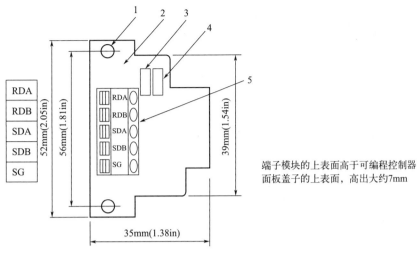

图 7-2　485-BD 板 LED 显示/端子排列

1—安装孔；2—可编程控制器连接器；3—SD LED：发送时高速闪烁；4—RD LED：接收时高速闪烁；

5—连接 RS-485 单元的端子

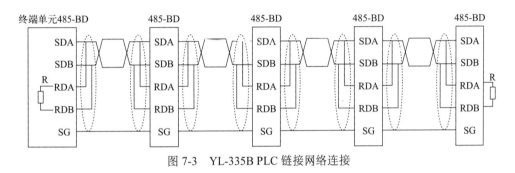

图 7-3　YL-335B PLC 链接网络连接

如果 RD LED 指示灯处于点亮/熄灭的闪烁状态，而 SD LED 没有（根本不亮），这时须检查站点编号的设置、传输速率（波特率）和从站的总数目。

3. 组建 N:N 通信网络

（1）网络组建的基本概念和过程

FX 系列 PLC N:N 通信网络的组建主要是对各站点 PLC 用编程方式设置网络参数实现的。

FX 系列 PLC 规定了与 N:N 网络相关的标志位（特殊辅助继电器）和存储网络参数与网络状态的特殊数据寄存器。当 PLC 为 FX1N 或 FX2N（C）时，N:N 网络的相关标志（特殊辅助继电器）如表 7-1 所示，相关特殊数据寄存器如表 7-2 所示。表中，R：只读；W：只写；M：主站点；L：从站点。

表 7-1　特殊辅助继电器

特性	辅助继电器	名称	描述	响应类型
R	M8038	N:N 网络参数设置	用来设置 N:N 网络参数	M，L
R	M8183	主站点的通信错误	当主站点产生通信误时 ON	L
R	M8184～M8190	从站点的通信错误	当从站点产生通信误时 ON	M，L
R	M8191	数据通信	当与其他站点通信时 ON	M，L

表 7-2　特殊数据寄存器

特性	数据寄存器	名称	描述	响应类型
R	D8173	站点号	存储其自己的站点号	M，L
R	D8174	从站点总数	存储从站点的总数	M，L
R	D8175	刷新范围	存储刷新范围	M，L
W	D8176	站点号设置	设置其自己的站点号	M，L
W	D8177	从站点总数设置	设置从站点总数	M
W	D8178	刷新范围设置	设置刷新范围模式号	M
W/R	D8179	重试次数设置	设置重试次数	M
W/R	D8180	通信超时设置	设置通信超时	M
R	D8201	当前网络扫描时间	存储当前网络扫描时间	M，L
R	D8202	最大网络扫描时间	存储最大网络扫描时间	M，L
R	D8203	主站点通信错误数目	存储主站点通信错误数目	L
R	D8204～D8210	从站点通信错误数目	存储从站点通信错误数目	M，L
R	D8211	主站点通信错误代码	存储主站点通信错误代码	L
R	D8201～D8218	从站点通信错误代码	存储从站点通信错误代码	M，L

在表 7-1 中，特殊辅助继电器 M8038（N:N 网络参数设置继电器，只读）用来设置 N:N 网络参数。

对于主站点，用编程方法设置网络参数，就是在程序开始的第 0 步（LD M8038）向特殊数据寄存器 D8176～D8180 写入相应的参数，仅此而已。对于从站点，则更为简单，只需在第 0 步（LD M8038）向 D8176 写入站点号即可。

例如，图 7-4 给出了设置输送站（主站）网络参数的程序。

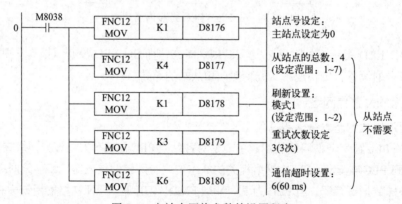

图 7-4　主站点网络参数的设置程序

上述程序说明如下：

① 编程时注意，必须确保把以上程序作为 N:N 网络参数设定程序从第 0 步开始写入，在不属于上述程序的任何指令或设备执行时结束。此程序段不需要执行，只需把其编入此位置，它自动变为有效。

② 特殊数据寄存器 D8178 用于设置刷新范围，刷新范围指各站点的链接存储区。对于从站点，此设定不需要。根据网络中信息交换的数据量的不同，可选择表 7-3（模式 0）、表 7-4（模式 1）和表 7-5（模式 2）3 种刷新模式。在每种模式下使用的元件被 N:N 网络所有站点所占用。

表 7-3 模式 0 站号与字元件对应表

站点号	元件	
	位软元件（M）	字软元件（D）
	0 点	4 点
第 0 号		D0～D3
第 1 号		D10～D13
第 2 号		D20～D23
第 3 号		D30～D33
第 4 号		D40～D43
第 5 号		D50～D53
第 6 号		D60～D63
第 7 号		D70～D73

表 7-4 模式 1 站号与位、字元件对应表

站点号	元件	
	位软元件（M）	字软元件（D）
	32 点	4 点
第 0 号	M1000～M1031	D0～D3
第 1 号	M1064～M1095	D10～D13
第 2 号	M1128～M1159	D20～D23
第 3 号	M1192～M1223	D30～D33
第 4 号	M1256～M1287	D40～D43
第 5 号	M1320～M1351	D50～D53
第 6 号	M1384～M1415	D60～D63
第 7 号	M1448～M1479	D70～D73

表 7-5 模式 2 站号与位、字元件对应表

站 点 号	元件	
	位软元件（M）	字软元件（D）
	64 点	4 点
第 0 号	M1000～M1063	D0～D3
第 1 号	M1064～M1127	D10～D13
第 2 号	M1128～M1191	D20～D23
第 3 号	M1192～M1255	D30～D33
第 4 号	M1256～M1319	D40～D43
第 5 号	M1320～M1383	D50～D53
第 6 号	M1384～M1447	D60～D63
第 7 号	M1448～M1511	D70～D73

在图 7-4 所示的程序中，刷新范围设定为模式 1。这时每一站点占用 32×8 个位软元件、4×8 个字软元件作为链接存储区。在运行中，对于第 0 号站（主站），希望发送到网络的开关量数据应写入位软元件 M1000～M1031 中，而希望发送到网络的数字量数据应写入字软元件 D0～D3 中，对其他各站点依此类推。

③ 特殊数据寄存器 D8179 设定重试次数，设定范围为 0～10（默认值为 3），对于从站

点，此设定不需要。如果一个主站点试图以此重试次数（或更高）与从站通信，此站点将发生通信错误。

④ 特殊数据寄存器 D8180 设定通信超时值，设定范围为 5～255（默认值为 5），此值乘以 10ms 就是通信超时的持续驻留时间。

⑤ 对于从站点，网络参数设置只需设定站点号即可，如供料站（1 号站）的设置，如图 7-5 所示。

如果按上述对主站和各从站编程，完成网络连接后，再接通各 PLC 工作电源，即使在 STOP 状态下，通信也会进行。

图 7-5 从站点网络参数设置程序示例

（2）N:N 网络调试与运行练习

① 任务要求 供料站、加工站、装配站、分拣站、输送站的 PLC（共 5 台）用 FX2N-485-BD 通信板连接，以输送站作为主站，站号为 0，供料站、加工站、装配站、分拣站作为从站，站号分别为：供料站 1 号、加工站 2 号、装配站 3 号、分拣站 4 号。功能如下：

a. 0 号站的 X1～X4 分别对应 1 号站～4 号站的 Y0（注：即当网络工作正常时，按下 0 号站 X1，则 1 号站的 Y0 输出，以此类推）。

b. 1 号站～4 号站的 D200 的值为 50 时，对应 0 号站的 Y1、Y2、Y3、Y4 输出。

c. 从 1 号站读取 4 号站的 D220 的值，保存到 1 号站的 D220 中。

② 连接网络和编写、调试程序 连接好通信口，编写主站程序和从站程序，在编程软件中进行监控，改变相关输入点和数据寄存器的状态，观察不同站的相关量的变化，看现象是否符合任务要求。如果符合，说明完成任务；如果不符合，则要检查硬件和软件是否正确，修改后重新调试，直到满足要求为止。

图 7-6 和图 7-7 分别给出了供料站和输送站的参考程序。程序中使用了站点通信错误标志位（特殊辅助继电器 M8183～M8187，见表 7-1）。例如，当某从站发生通信故障时，不允

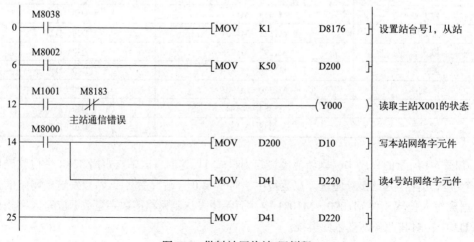

图 7-6 供料站网络读/写例程

许主站从该从站的网络元件读取数据。使用站点通信错误标志位编程，对于确保通信数据的可靠性是有益的，但应注意，站点不能识别自身的错误，为每一站点编写错误程序是不必要的。其余各工作站的程序，请读者自行编写。

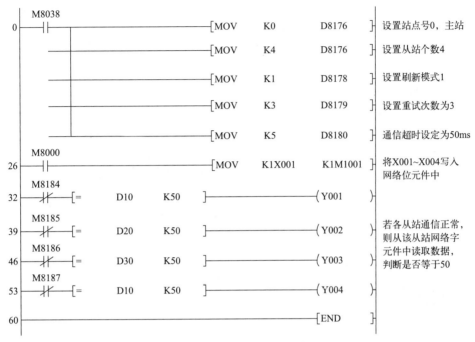

图 7-7　输送站网络读/写例程

二、认知 TPC7062KS 人机界面

TPC7062KS 是一款在实时多任务嵌入式操作系统 Windows CE 环境中运行的触摸屏，由 MCGS 嵌入式组态软件组态。该产品设计采用了 7in（1in=0.0254m）高亮度 TFT 液晶显示屏（分辨率为 800×480）、四线电阻式触摸屏（分辨率 4096×4096px），色彩达 64K（行业用语，指 $64×2^{10}$ 种颜色）彩色。

三、TPC7062KS 人机界面的硬件接线

TPC7062KS 人机界面的电源进线、各种通信接口均在其背面进行，如图 7-8 所示。其中，USB1 接口用来连接鼠标和 U 盘等，USB2 接口用于工程项目下载，串口用来连接 PLC。

图 7-8　TPC7062KS 的背面接线

（1）TPC7062KS 触摸屏与 FX 系列 PLC 的连接

TPC7062KS 触摸屏通过 COM 口直接与 FX 系列 PLC 的编程口连接，所使用的通信线带有 RS-232/RS-422 转换器。为了实现正常通信，除了正确进行硬件连接外，还须对触摸屏的串口属性进行设置，这将在设备窗口组态中实现，设置方法将在后面的工作任务中详细说明。

（2）TPC7062KS 触摸屏与个人计算机的连接

在 YL-335B 上，TPC7062KS 触摸屏是通过 USB2 口与个人计算机连接的，连接之前，个人计算机应先安装 MCGS 组态软件。

当需要在 MCGS 组态软件上把资料下载到人机界面（HMI）时，在快捷菜单中选择"下载配置"命令，然后在"下载配置"对话框里单击"连机运行"按钮，单击"工程下载"按钮即可进行下载，如图 7-9 所示。如果工程项目要在计算机中模拟测试，则单击"模拟运行"按钮，然后下载工程。

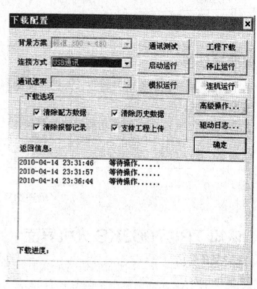

(a) 选择"下载配置"命令　　　　　　　　　　(b)"下载配置"对话框

图 7-9　工程下载方法

（3）TPC7062KS 触摸屏的启动

使用 24V 直流电源给 TPC7062KS 触摸屏供电，开机启动后屏幕出现"正在启动"提示进度条，此时不需要任何操作，系统将自动进入工程运行界面，如图 7-10 所示。

图 7-10　TPC7062KS 启动及运行界面

四、人机界面组态实例应用

下面给出分拣站的工作任务作为人机界面组态示例，其画面效果图如图 7-11 所示。画面中包含了如下内容：

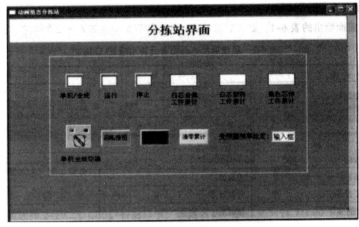

图 7-11　分拣站界面

① 状态指示：单机/全线、运行、停止；

② 切换旋钮：单机全线切换；

③ 按钮：启动、停止、清零累计按钮；

④ 数据输入：变频器输入频率设置；

⑤ 数据输出显示：白芯金属工件累计、白芯塑料工件累计、黑色芯体工件累计。

组态画面各元件对应的 PLC 地址如表 7-6 所示。

表 7-6　触摸屏组态画面各元件对应 PLC 地址

元件类别	名称	输入地址	输出地址	备注
位状态切换开关	单机全线切换	M0001	M0001	
位状态开关	启动按钮		M0002	
	停止按钮		M0003	
	清零累计按钮		M0004	
位状态指示灯	单机/全线指示灯	M0001	M0001	
	运行指示灯		M0000	
	停止指示灯		M0000	
数值输入元件	变频器频率给定	D0000	D0000	最小值 40，最大值 50
数值输出元件	白芯金属工件累计	D0130		
	白芯塑料工件累计	D0131		
	黑色芯体工件累计	D0132		

人机界面的组态步骤和方法如下：

（1）创建工程

运行"MCGS 嵌入版组态环境"软件，单击"新建工程"按钮。在"新建工程设置"界面中选择触摸屏型号，在 TPC 类型中选择"TPC7062K"。工程名称为"分拣站"。

（2）定义数据对象

根据表 7-6 定义数据对象，所有的数据对象如表 7-7 所示。

表 7-7　数据对象

数据名称	数据类型	注释
运行状态	开关型	状态指示灯
单机全线切换	开关型	
启动按钮	开关型	
停止按钮	开关型	
清零累计按钮	开关型	
变频器频率给定	数值型	
白芯金属工件累计	数值型	
白芯塑料工件累计	数值型	
黑色芯体工件累计	数值型	

下面以数据对象"运行状态"为例，介绍定义数据对象的步骤：

① 单击工作台中的"实时数据库"窗口标签，进入实时数据库窗口页。

② 单击"新增对象"按钮，在窗口的数据对象列表中增加新的数据对象，系统默认定义的名称为 Data1、Data2、Data3 等（多次单击这些按钮可增加多个数据对象）。

③ 选中对象，单击"对象属性"按钮，或双击选中对象，则打开"数据对象属性设置"窗口。

④ 将对象名称改为"运行状态"，对象类型选择"开关型"，单击"确认"按钮。

按照此步骤，根据上面列表，设置其他各数据对象。

（3）设备连接

为了能够使触摸屏和 PLC 通信连接上，须把定义好的数据对象和 PLC 内部变量进行连接，具体操作步骤如下：

① "设备窗口"中双击"设备窗口"图标进入。

② 单击工具条中的"工具箱"图标，打开"设备工具箱"。

③ 在可选设备列表中，双击"通用串口父设备"，然后双击"三菱_FX 系列编程口"，出现"通用串口父设备""三菱_FX 系列编程口"，如图 7-12 所示。

④ 双击"通用串口父设备"，进入"通用串口设备属性编辑"对话框（见图 7-13），按三菱 FX 系列编程口的通信要求，做如下设置：

a. 串口端口号（1～255）设置为：0-COM1；

b. 通信波特率设置为：6-9600；

c. 数据校验方式设置为：2-偶校验；

d. 其他设置为默认。

⑤ 双击"三菱_FX 系列编程口"，进入"设备编辑窗口"，如图 7-14 所示。左边窗口下方 CPU 类型选择"2-FX2NCPU"。右窗口中"通道名称"默认为"只读 X0000～只读 X0007"，可以单击"删除全部通道"按钮予以删除。

图 7-13　通用串口设置

图 7-12　设备窗口

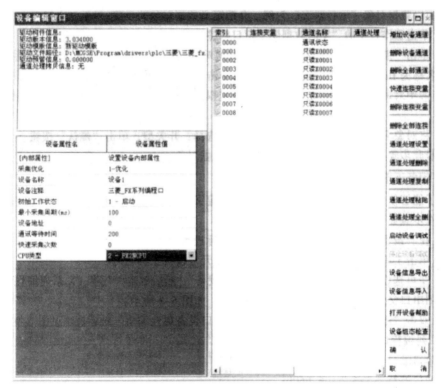

图 7-14　设备编辑窗口

⑥ 进行变量的连接，这里以"运行状态"变量为例说明。

a. 单击"增加设备通道"按钮，出现图 7-15 所示的窗口。

参数设置如下：

· 寄存器类型：M 辅助寄存器；

· 寄存器地址：0:

· 通道数量：1;

· 操作方式：只读。

图 7-15　添加一个变量连接的界面

b. 单击"确认"按钮，完成基本属性设置。

c. 双击"只读 M0000"通道对应的连接变量，从数据中心选择变量"运行状态"。用同样的方法增加其他通道，连接变量，如图 7-16 所示，完成后单击"确认"按钮。

图 7-16　连接变量的全部通道

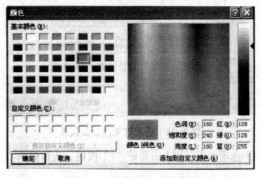

图 7-17　选择窗口背景颜色

（4）画面和元件的制作

① 新建画面以及属性设置

a. 在"用户窗口"中单击"新建窗口"按钮，建立"窗口 0"。选中"窗口 0"，单击"窗口属性"进入用户窗口属性设置。

b. 将窗口名称改为"分拣画面"，窗口标题改为"分拣画面"。

c. 单击"窗口背景"，在"其他颜色"中选择所需的颜色，如图 7-17 所示。

② 制作文字框图　这里以标题文字的制作为例进行说明。

a. 单击工具条中的"工具箱"按钮，打开绘图工具箱。

b. 选择"工具箱"内的"标签"按钮，鼠标的光标呈十字形，在窗口顶端中心位置拖动鼠标，根据需要拖动出一个大小合适的矩形。

c. 在光标闪烁位置输入文字"分拣站界面"，按"Enter"键或在窗口任意位置用鼠标单击，文字输入完毕。

d. 选中文字框，做如下设置：

• 单击工具条上的"填充色"按钮，设定文字框的背景颜色为白色。

• 单击工具条上的"线色"按钮，设置文字框的边线颜色为"没有边线"。

• 单击工具条上的"字符字体"按钮，设置文字字体为华文细黑，字型为粗体，大小为二号。

· 单击工具条上的"字符颜色"按钮，将文字颜色设为藏青色。

e. 其他文字框的属性设置如下：

· 背景颜色：同画面背景颜色。

· 边线颜色：没有边线。

· 文字字体：华文细黑；字型：常规；字体大小：二号。

③ 制作状态指示灯　这里以"单机/全线"指示灯为例。

a. 单击绘图工具箱中的"插入元件"图标，弹出"对象元件库管理"对话框，选择"指示灯6"，单击"确认"按钮。双击指示灯，弹出的对话框如图7-18所示。

图 7-18　指示灯元件及其属性

b. "数据对象"选项卡中，单击右边的"？"按钮，从数据中心选择"单机全线切换"变量。

c. "动画连接"选项卡中，单击"填充颜色"，如图7-19所示。

图 7-19　指示灯元件属性设置

图 7-20　指示灯元件填充颜色设置

d. 单击 按钮，出现对话框，在"填充颜色"选项卡中，分段点 0 对应颜色为白色；分段点 1 对应颜色为浅绿色，如图 7-20 所示，单击"确认"按钮完成设置。

④ 制作切换旋钮　单击绘图工具箱中的"插入元件"图标，弹出"对象元件库管理"对话框，选择"开关 6"，单击"确认"按钮。双击旋钮，弹出图 7-21 所示的对话框。"数据对象"选项卡的"按钮输入"和"可见度"数据对象连接均为"单机全线切换"。

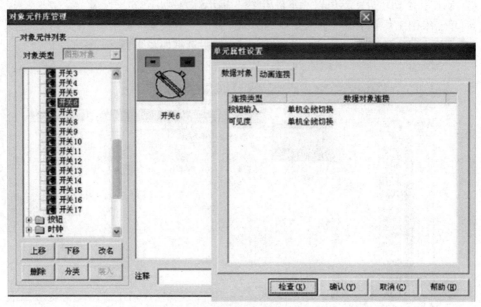

图 7-21　切换开关元件及其属性

⑤ 制作按钮　下面以启动按钮为例。

单击绘图工具箱中的 图标，在窗口中拖动出一个大小合适的按钮，双击该按钮，将出现图 7-22 所示的对话框，属性设置如下：

a. 在"基本属性"选项卡中，无论是抬起还是按下状态，文本都设置为启动按钮。"抬起"功能属性为：字体设置为宋体，字体大小设置为五号，背景颜色设置为浅绿色。"按下"功能设置为：字体大小设置为小五号，其他同抬起功能。

b. 在"操作属性"选项卡中，"抬起"功能为数据对象操作清零、启动按钮，"按下"功能为数据对象操作置 1、启动按钮。

c. 其他默认，单击"确认"按钮完成。

⑥ 数值输入框

a. 选中"工具箱"中的"输入框"图标，拖动鼠标，绘制一个输入框。

b. 双击图标，进行属性设置。只需要设置操作属性：

· 数据对象名称：变频器频率给定；

· 使用单位：Hz；.

· 最小值：40；

· 最大值：50；

· 小数点位：0。

设置结果如图 7-23 所示。

图7-22　"标准按钮构件属性设置"对话框

图7-23　"输入框构件属性设置"对话框

⑦ 数据的显示　数据的显示可用标签构件的"显示输出"属性实现。下面以白芯金属料累计数据显示为例说明。

a. 选中"工具箱"中的**A**图标，拖动鼠标，绘制一个显示框。

b. 单击显示框，出现对话框，在"输入输出连接"选项区域中选中"显示输出"复选框，在组态属性设置窗口中则会出现"显示输出"标签，如图7-24所示。

c. 切换到"显示输出"选项卡，设置显示输出属性。参数设置如下：

- 表达式：白芯金属料累计；
- 单位：个；
- 输出值类型：数值量输出；
- 输出格式：十进制；
- 整数位数：0；
- 小数位数：0。

d. 单击"确认"按钮制作完毕。

⑧ 制作矩形框　单击工具箱中的图标，在窗口的左上方拖动出一个大小合适的矩形，双击矩形，出现图7-25所示的对话框。

图7-24　标签构件的属性设置

图7-25　矩形框属性设置

属性设置为：填充颜色设置为"没有填充"；边线颜色为白色；其他默认。完成画面绘制，并检查无误后，即可下载工程。

学习环节三

项目准备

在项目实施之前，有必要对各个工作单元中所使用的材料和工具进行认真检查。元件检查清单见表 2-1、表 3-1、表 4-1、表 5-17 和表 6-5。

学习环节四

项目实施

一、训练要求

① 完成整线的调试。

② 生产任务：将供料单元料仓内的工件送往加工单元的物料台，完成加工操作后，把加工好的工件送往装配单元的物料台，然后把装配单元料仓内的白色和黑色两种不同颜色的小圆柱工件嵌入到物料台上的工件中，完成装配后的成品送往分拣单元分拣输出。

二、任务分工

按照 3～5 名同学一组进行分配，每组选出组长 1 名，组长对小组任务进行分配，组员根据任务职责完成相关任务。任务分配表如表 7-8 所示。

表 7-8　任务分工表

序号	任务描述	组员
1	机械组件安装与调试	
2	气动回路连接与调试	
3	电气回路接线与调试	
4	程序编写与调试	
5	资料整理	

三、安装与调试工作计划

同学们可按照表 7-9 所示的工作计划表进行记录。

表 7-9　工作计划表

步骤	内容	计划时间/h	实际时间/h	完成情况
1	制订安装计划	0.25		
2	任务描述和任务所需图纸与程序	1		
3	写材料清单和领料单	0.25		
4	机械部分安装与调试	1		
5	传感器安装与调试	0.25		
6	按照图纸进行电路安装	0.5		
7	气路安装	0.25		
8	气源与电源连接	0.25		
9	PLC 控制编程	1		
10	人机界面设计	2		
11	按质量要求检查整个设备	0.25		
12	本单元各部分设备的通电、通气测试	0.25		
13	对老师发现和提出的问题进行回答	0.25		
14	输入程序，进行整个装置的功能调试	0.5		
15	如果必要，则排除故障	0.25		
16	该任务成绩的评估	0.5		

四、实施

1. 设备部件安装

完成 YL-335B 型自动化生产线的供料单元、加工单元、装配单元、分拣单元和输送单元的装配工作，并把这些单元安装在 YL-335B 的工作台上。各个工作单元装置部分的安装位置如图 7-26 所示。

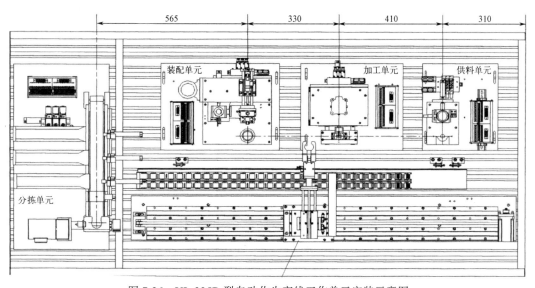

图 7-26　YL-335B 型自动化生产线工作单元安装示意图

表 7-10 所示为自动线设备安装考核技能评分表。

表 7-10　自动线设备安装考核技能评分表

姓名		组别		开始时间			
专业/班级				结束时间			
项目内容	考核要求	配分	评分标准	扣分	自评	互评	
按照元件清单核对元件数量并检查元件质量	1. 正确清点元件数量； 2. 正确检查元件质量	15	1. 材料清点有误，扣2分； 2. 检查元件方法有误，扣2分； 3. 坏的元件没检查出来，扣2分				
供料站的装配	1. 正确完成装配； 2. 紧固件无松动	10	1. 装配未能完成，扣6分； 2. 装配完成但有紧固件松动现象，扣2分				
加工站的装配	1. 正确完成装配； 2. 紧固件无松动	10	1. 装配未能完成，扣6分； 2. 装配完成但有紧固件松动现象，扣2分				
装配站的装配	1. 正确完成装配； 2. 紧固件无松动	10	1. 装配未能完成，扣6分； 2. 装配完成但有紧固件松动现象，扣2分				
分拣站的装配	1. 正确安装传送带及构件； 2. 正确安装驱动电机； 3. 紧固件无松动	15	1. 传送带及构件安装位置与要求不符，扣3分； 2. 驱动电机安装不正确，引起运行时振动，扣5分； 3. 有紧固件松动现象，扣3分				
输送站的装配	1. 正确装配抓取机械手； 2. 正确调整气动摆台的摆角	15	1. 抓取机械手装置装配不当，扣5分； 2. 气动摆台的摆角调整不恰当，扣5分				
生产线的总体安装	1. 正确安装工作站； 2. 紧固件无松动	15	1. 工作站安装位置与要求不符，每处扣5分，最多扣5分； 2. 有紧固件松动现象，扣5分				
职业素养与安全意识		10	现场操作安全保护符合安全操作规程；工具摆放、包装物品、导线线头等的处理符合职业岗位的要求；团队有分工、有合作，配合紧密；爱惜设备和器材，保持工位的整洁				
教师点评：				成绩：			

2. 气路连接

① 按图 7-27 所示气动控制回路图进行气路连接。并将气泵与过滤调压组件连接，在过滤调压组件上设定压力为 6bar（600kPa）。从油水分离器出口的快速接头开始，进行自动线各分站的气路连接，包括分拣站的气路连接、装配站的气路连接、供料站的气路连接、加工站的气路连接、输送站的气路连接。

② 气路连接时，气管一定要在快速接头中插紧，不能有漏气现象。

③ 气路中的气缸节流阀调整要适当，以活塞进出迅速、无冲击、无卡滞现象为宜，以不推倒工件为准。如果有气缸动作相反，将气缸两端进气管位置颠倒即可。

④ 气路气管在连接走向时，应该按序排布，均匀美观，不能交叉、打折、顺序凌乱。

⑤ 所有外露气管必须用黑色尼龙扎带进行绑扎，松紧程度以不使气管变形为宜，外形美观。

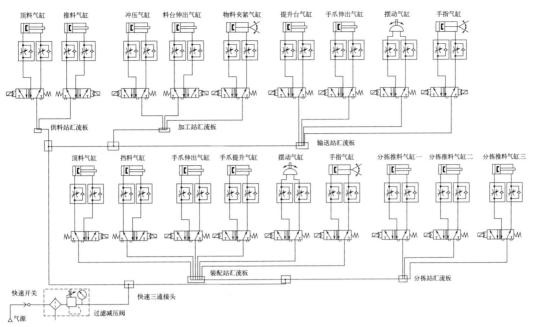

图 7-27　气动控制回路图

⑥ 电磁阀组与气体汇流板的连接必须压在橡胶密封垫上固定，要求密封良好、无泄漏。

⑦ 当气动摆台需要调节回转角度或调整摆动位置精度时，可把回转缸调成 90°固定角度旋转。调节方法：首先松开调节螺杆上的反扣螺母，通过旋入和旋出调节螺杆，从而改变回转凸台的回转角度，调节螺杆 1 和调节螺杆 2 分别用于左旋和右旋角度的调整。当调整好摆动角度后，应将反扣螺母与基体反扣锁紧，防止调节螺杆松动，从而造成回转精度降低。表 7-11 所示为气路连接安装评分表。

表 7-11　气路连接安装评分表

姓名		组别		开始时间		
专业/班级				结束时间		
项目内容	考核要求	配分	评分标准	扣分	自评	互评
绘制气路总图	正确绘制总气路图	10	总气路绘制有误，每处扣0.5分			
绘制各站气路图	正确绘制各站气路图	5	气路绘制有误，每处扣 1 分			
从气泵出来的主气路装配	1. 正确连接气路； 2. 气路连接无漏气现象	5	气路连接未完成或错误，每处扣 2 分；气路连接有漏气现象，每处扣 1 分			
供料站气路的装配	正确安装供料站气路	5	气缸节流阀调整不当，每处扣 1 分			
加工站气路的装配	正确安装加工站气路	5	气路连接有漏气现象，每处扣 1 分			
装配站气路的装配	正确安装装配站气路	5	气路连接有漏气现象，每处扣 1 分			
分拣站气路的装配	正确安装分拣站气路	5	气路连接有漏气现象，每处扣 1 分			
输送站气路的装配	正确安装输送站气路	10	气管没有绑扎或气路连接凌乱，扣 2 分			

项目内容	考核要求	配分	评分标准	扣分	自评	互评
按质量要求检查整个气路	气路连接无漏气现象	10	气路连接有漏气现象，每处扣1分			
各部分设备的测试	正确完成各部分测试	5	每处扣1分			
整个装置的功能调试	成功完成整个装置的功能调试	10	调试未成功，扣3分			
如果有故障及时排除	及时排除故障	10	故障未排除，扣3分			
对老师发现和提出的问题进行回答	正确回答老师提出的问题	5	未能回答老师提出的问题，扣2分			
职业素养与安全意识		10	现场操作安全保护符合安全操作规程；工具摆放、包装物品、导线线头等的处理符合职业岗位的要求；团队有分工、有合作，配合紧密；爱惜设备和器材，保持工位的整洁			
教师点评：			成绩：			

3. 电气连接

（1）自动化生产线的供电电源

外部供电电源为三相五线制 AC 380V/220V，总电源开关选用 DZ47LE-32/C32 型三相四线漏电开关。系统各主要负载通过自动开关单独供电。其中，变频器电源通过 DZ47C16/3P 三相自动开关供电；各工作站 PLC 均采用 DZ47C5/2P 单相自动开关供电。此外，系统配置 2 台 DC 24V、6A 开关稳压电源，分别用作供料单元、加工单元、分拣单元及输送单元的直流电源。

（2）供料单元、加工单元、装配单元的电路连接

① 控制供料（加工、装配）单元生产过程的 PLC 装置安装在工作台两侧的抽屉板上。PLC 侧接线端口的接线端子采用两层端子结构：上层端子用以连接各信号线，其端子号与装置侧的接线端口的接线端子相对应；下层端子用以连接 DC 24V 电源的+24V 端和 0V 端。

② 供料（加工、装配）单元侧的接线端口的接线端子采用三层端子结构，上层端子用以连接 DC 24V 电源的+24V 端，下层端子用以连接 DC 24V 电源的 0V 端，中间层端子用以连接各信号线。

③ 供料（加工、装配）单元侧的接线端口和 PLC 侧的接线端口之间通过专用电缆连接。其中，25 针接头电缆连接 PLC 的输入信号，15 针接头电缆连接 PLC 的输出信号。

④ 供料（加工、装配）单元工作的 DC 24V 直流电源是通过专用电缆由 PLC 侧的接线端子提供的，经接线端子排引到供料（加工、装配）单元上。接线时应注意，供料站侧接线端口中，输入信号端子的上层端（+24V）只能作为传感器的正电源端，切勿用于电磁阀等执行元件的负载。电磁阀等执行元件的正电源端和 0V 端应连接到输出信号端子下层端子的相应端子上。每一端子连接的导线不超过 2 根。

⑤ 按照供料（加工、装配）单元 PLC 的 I/O 接线原理图和规定的 I/O 地址接线。为接线方便，一般应该先接下层端子，后接上层端子。要仔细辨明原理图中的端子功能标注。要注意气缸磁性开关棕色和蓝色的两根线，漫射式光电开关的棕色、黑色、蓝色 3 根线，金属传感器的棕色、黑色、蓝色 3 根线的极性不能接反。

⑥ 导线线端应该处理干净，无线芯外露，裸露铜线不得超过 2mm。一般应该做冷压插针处理，线端应该套规定的线号。

⑦ 导线在端子上的压接，以用手稍用力外拉不动为宜。

⑧ 导线走向应该平顺有序，不得重叠挤压折曲，顺序凌乱。线路应该用黑色尼龙扎带进行绑扎，以不使导线外皮变形为宜。装置侧接线完成后，应用扎带绑扎，力求整齐美观。

（3）分拣单元的电路连接

① 控制分拣单元生产过程的 PLC 装置安装在工作台两侧的抽屉板上。PLC 侧接线端口的接线端子采用两层端子结构：上层端子用以连接各信号线，其端子号与装置侧的接线端口的接线端子相对应；下层端子用以连接 DC 24V 电源的 +24V 端和 0V 端。

② 分拣单元的接线端口的接线端子采用三层端子结构，上层端子用以连接 DC 24V 电源的 +24V 端，下层端子用以连接 DC 24V 电源的 0V 端，中间层端子用以连接各信号线。

③ 分拣单元侧的接线端口和 PLC 侧的接线端口之间通过专用电缆连接。其中，25 针接头电缆连接 PLC 的输入信号，15 针接头电缆连接 PLC 的输出信号。

④ 分拣单元工作的 DC 24V 电源是通过专用电缆由 PLC 侧的接线端子提供的，经接线端子排引到加工站上。接线时应注意，分拣单元侧接线端口中，输入信号端子的上层端子（+24V）只能作为传感器的正电源端，切勿用于电磁阀等执行元件的负载。电磁阀等执行元件的正电源端和 0V 端应连接到输出信号端的相应端子上。每一端子连接的导线不能超过 2 根。

⑤ 按照分拣单元 PLC 的 I/O 接线原理图和规定的 I/O 地址接线。为接线方便，一般应该先接下层端子，后接上层端子。要仔细辨明原理图中的端子功能标注。要注意气缸磁性开关棕色和蓝色的 2 根线，漫射式光电开关的棕色、黑色、蓝色 3 根线，光纤传感器放大器棕色、黑色、蓝色 3 根线的极性不能接反。

⑥ 导线线端应该处理干净，无线芯外露，裸露铜线不得超过 2mm。一般应该做冷压插针处理，线端应该套规定的线号。

⑦ 导线在端子上的压接，以用手稍用力外拉不动为宜。

⑧ 导线走向应该平顺有序，不得重叠挤压折曲，顺序凌乱。线路应该用黑色尼龙扎带进行绑扎，以不使导线外皮变形为宜。装置侧接线完成后，应用扎带绑扎，力求整齐美观。

⑨ 分拣单元变频器进行主电路接线时，变频器模块面板上的 L1、L2、L3 插孔接三相电源，三相电源线应该单独布线；3 个电机插孔按照 U、V、W 顺序连接到三相减速电机的接线柱。千万不能接错电源，否则会损坏变频器。

变频器的模拟量输入端要按照 PLC I/O 规定的模拟量输出端口连接。

分拣单元变频器接地插孔一定要可靠连接保护地线。

传送带主动轴同轴旋转编码器的 A、B、Z 相输出线接到分拣站侧接线端子的规定位置，其电源输入为 DC+24V。

（4）输送单元的电路连接

① 控制输送单元生产过程的 PLC 装置安装在工作台两侧的抽屉板上。PLC 侧接线端口

的接线端子采用两层端子结构：上层端子用以连接各信号线，其端子号与装置侧的接线端口的接线端子相对应；下层端子用以连接 DC 24V 电源的+24V 端和 0V 端。

② 输送单元侧的接线端口的接线端子采用三层端子结构，上层端子用于连接 DC 24V 电源的+24V 端，下层端子用于连接 DC 24V 电源的 0V 端，中间层端子用于连接各信号线。

③ 输送单元侧的接线端口和 PLC 侧的接线端口之间通过专用电缆连接。其中，25 针接头电缆连接 PLC 的输入信号，15 针接头电缆连接 PLC 的输出信号。

④ 输送单元工作的 DC 24V 直流电源是通过专用电缆由 PLC 侧的接线端子提供的，经接线端子排引到加工站上。接线时应注意，输送单元侧接线端口中，输入信号端子的上层端子（+24V）只能作为传感器的正电源端，切勿用于电磁阀等执行元件的负载。电磁阀等执行元件的正电源端和 0V 端应连接到输出信号端子下层端子的相应端子上。每一端子连接的导线不超过 2 根。

⑤ 按照输送单元 PLC 的 I/O 接线原理图和规定的 I/O 地址接线。为接线方便，一般应该先接下层端子，后接上层端子。要仔细辨明原理图中的端子功能标注。要注意气缸磁性开关棕色和蓝色的两根线，原点开关是电感式接近传感器的棕色、黑色、蓝色 3 根线，作为限位开关的微动开关的棕色、蓝色两根线的极性不能接反。

⑥ 导线线端应该处理干净，无线芯外露，裸露铜线不得超过 2mm。一般应该做冷压插针处理，线端应该套规定的线号。

⑦ 导线在端子上的压接，以用手稍用力外拉不动为宜。

⑧ 导线走向应该平顺有序，不得重叠挤压折曲，顺序凌乱。线路应该用黑色尼龙扎带进行绑扎，以不使导线外皮变形为宜。装置侧接线完成后，应用扎带绑扎，力求整齐美观。

⑨ 输送单元拖链中的气路管线和电气线路要分开敷设，长度要略长于拖链。电气管线在拖链中不能相互交叉、打折、纠结，要有序排布，并用尼龙扎带绑扎。

⑩ 进行松下 MINAS A4 系列伺服电机驱动器接线时，驱动器上的 L1、L2 要与 AC 220V 电源相连，U、V、W、D 端与伺服电机电源端连接。接地端一定要可靠连接保护地线。伺服驱动器的信号输出端要和伺服电机的信号输入端连接，具体接线应参照说明书。要注意伺服驱动器使能信号线的连接。参照松下 MINAS A4 系列伺服驱动器的说明书，对伺服驱动器的相应参数进行设置，如位置环工作模式、加减速时间等。表 7-12 所示为电路设计和电路连接安装评分表。

表 7-12　电路设计和电路连接安装评分表

姓名		组别		开始时间			
专业/班级				结束时间			
项目内容	考核要求	配分	评分标准		扣分	自评	互评
总电路图	1. 电路图绘制正确； 2. 电路图形符号规范	30	1. 输送站电路绘制有错误，每处扣 0.5 分； 2. 机械手装置运动的限位保护没有设置或绘制有错误，扣 1.5 分； 3. 变频器及驱动电机主电路绘制有错误，每处扣 0.5 分； 4. 电路图形符号不规范，每处扣 0.5 分，最多扣 2 分				

项目内容	考核要求	配分	评分标准	扣分	自评	互评
5 个分站 I/O 分配图	1. I/O 分配正确； 2. 电路图形符号规范	20	1. 电路图形符号不规范，每处扣 0.5 分，最多扣 2 分； 2. I/O 分配错误，扣 5 分			
按图连接	1. 端子连接符合标准； 2. 电路接线整齐； 3. 机械手装置运动的限位保护正确连接； 4. 变频器及驱动电机正确接地	20	1. 端子连接插针压接不牢或超过 2 根导线，每处扣 0.5 分，端子连接处没有线号，每处扣 0.5 分，两项最多扣 3 分； 2. 电路接线没有绑扎或电路接线凌乱，扣 2 分； 3. 机械手装置运动的限位保护未接线或接线错误，扣 1.5 分； 4. 变频器及驱动电机没有接地，扣 1 分			
电路中注意事项	电路无故障	20	由于疏忽导致电路出现故障，每处扣 1 分			
职业素养与安全意识		10	现场操作安全保护符合安全操作规程；工具摆放、包装物品、导线线头等的处理符合职业岗位的要求；团队有分工、有合作，配合紧密；爱惜设备和器材，保持工位的整洁			
教师点评：			成绩：			

4. 各站 PLC 网络连接

在 YL-335B 型自动化生产线中由 5 个 PLC 分别控制 5 个控制站，采用 N:N 网络通信或者是 PPI 协议通信的分布式网络控制。输送单元作为系统主站，其余各站作为系统从站。

5. 自动化生产线联机运行的程序设计

YL-335B 型自动化生产线分为单站工作模式和全线工作模式。

从单站工作模式切换到全线工作模式的条件是：各个工作站均处于停止状态，各站的按钮/指示灯模块上的工作方式选择开关置于全线模式，此时若人机界面选择开关切换到全线运行模式，系统将进入全线运行状态。在全线工作模式下，各工作站仅通过网络接收来自人机界面的主令信号，除主站急停按钮外，所有本站主令信号无效。

从全线工作模式切换到单站工作模式的条件是：仅限当前工作周期完成后人机界面中选择开关切换到单站工作模式才有效。

（1）单站工作模式

在单站工作模式下，各工作单元的主令信号和工作状态显示信号来自其 PLC 旁边的按钮/指示灯模块。并且按钮/指示灯模块上的工作方式选择开关 SA 置于"单站方式"位置。各站的具体控制要求与前面各项目单独运行要求相同。

（2）全线工作模式

① 系统在上电后，首先执行复位操作使输送站机械手装置回到原点位置。这里绿色警示灯以 1Hz 的频率闪烁，输送站机械手装置回到原点位置后，复位完成，绿色警示灯常亮，表示允许启动系统。

② 按下启动按钮，系统启动，绿色和黄色警示灯常亮。

③ 系统启动后，供料站把待加工工件推到物料台上，向系统发出供料操作完成信号，并且推料气缸缩回，准备下一次推料。若供料站的料仓和料槽内没有工件或工件不足，则向系统发出报警或预警信号。物料台上的工件被输送站机械手取出后，若系统启动信号仍为 ON，则进行下一次推出工件操作。

④ 在工件推到供料站物料台后，输送站步进电机驱动其机械手装置向左移动，直到机械手在供料站物料台的正前方，然后按机械手提升→手臂伸出→机械手下降→手爪夹紧→机械手提升→手臂缩回→机械手下降的动作顺序完成抓取供料站工件的操作。

⑤ 步进电机继续驱动机械手装置向左移动，直到机械手在加工站物料台的正前方。然后按机械手提升→手臂伸出→机械手下降→手爪松开→机械手提升→手臂缩回的动作顺序把工件放到加工站物料台上。

⑥ 加工站物料台的物料检测传感器检测到工件后，按机械手爪夹紧工件→物料台回到加工区域冲压气缸下方→冲压气缸向下伸出冲压工件→完成冲压动作后向上缩回→物料台重新伸出→到位后机械手爪松开的顺序完成工件加工工序，并向系统发出加工完成信号。

⑦ 系统接收到加工完成信号后，输送站机械手按手臂伸出→机械手下降→手爪夹紧→机械手提升→手臂缩回的动作顺序取出加工好的工件。

⑧ 步进电机驱动夹着工件的机械手装置移动到装配站物料台的正前方。然后按机械手手臂伸出→机械手下降→手爪松开→机械手提升→手臂缩回的动作顺序把工件放到装配站物料台上。

⑨ 装配站物料台的传感器检测到工件到来后，挡料气缸缩回，使料槽中最底层的小圆柱工件落到旋转供料台上，然后旋转供料单元顺时针旋转 180°（右旋），到位后装配机械手按下降气动手爪→抓取小圆柱→手爪提升→手臂伸出→手爪下降→手爪松开的动作顺序，把小圆柱工件装入大工件中，装入动作完成后，向系统发出装配完成信号。机械手装配单元复位的同时，旋转送料单元逆时针旋转 180°（左旋）回到原位；如果装配站的料仓或料槽内没有小圆柱工件或工件不足，则向系统发出报警或预警信号。

⑩ 输送站机械手伸出并抓取该工件，然后逆时针旋转 90°后提升到位；伺服电机驱动机械手从装配站向分拣站运送工件，直到工件在分拣站入料口上方为止，然后机械手伸出→机械手下降→手爪松开放下工件→机械手提升→手臂缩回。至此，一次传送过程结束，步进电机反向运转，使输送站机械手装置退回原点，机械手顺时针旋转 90°，准备下一次工作。

⑪ 当输送站送来工件放到传送带上并被入料口光电传感器检测到时，即启动变频器，驱动传动电机工作，运行频率为 30Hz。传送带把工件送入分拣区，如果工件为白色芯金属，该工件到达 1 号滑槽中间，传送带停止，被推到 1 号槽中；如果工件为白色芯塑料，该工件到达 2 号滑槽中间，传送带停止，被推到 2 号槽中；如果工件为黑色芯塑料，该工件到达 3 号滑槽中间，传送带停止，工件被推到 3 号槽中。当分拣气缸活塞杆推出工件，并返回到位后，应向系统发出分拣完成信号。

⑫ 仅当分拣站分拣工作完成，且输送站机械手装置退回原点后，系统的一个工作周期才认为结束。如果在工作周期没按下过停止按钮，系统在延时 1s 后开始下一个周期的工作。如果在工作周期按下过停止按钮，系统工作结束，警示灯中黄色灯熄灭，绿色灯仍保持常亮。在延时 1s 后开始下一个周期的工作。

⑬ 如果发生物料不足够的预报警信号，警示灯中红色灯以 1Hz 的频率闪烁，绿色和黄色灯保持常亮。如果发生物料没有的报警信号，警示灯中红色灯以 1Hz 的频率闪烁，黄色灯熄灭，绿色灯保持常亮。

（3）PLC 控制程序的编写

YL-335B 是一个分布式控制的自动化生产线，在设计其整体控制程序时，应首先从它的系统性着手，通过组建网络，规划通信数据，使系统组织起来。然后根据各个工作单元的工艺任务，分别编制各个工作单元的控制程序。下面就以三菱系列 PLC 为例进行 PLC 控制程序的编写。

① 规划通信数据　通过任务分析，YL-335B 各个站点需要交换的信息量并不大，可以采用模式 1 的刷新方式。各个站点通信数据位定义如表 7-13～表 7-17 所示。这些数据位分别由各站 PLC 程序写入，全部数据为 N:N 网络所有站点共享。

表 7-13　输送站（0#站）数据位定义

输送站地址	数据定义	输送站地址	数据定义
M1000	全线运行	M1007	HMI 联机
M1002	允许加工	M1012	请求供料
M1003	全线急停	M1015	允许分拣

表 7-14　供料站（1#站）数据位定义

供料站地址	数据定义	供料站地址	数据定义
M1064	初始态	M1067	运行信号
M1065	供料信号	M1068	物料不足报警
M1066	联机信号	M1069	缺料报警

表 7-15　加工站（2#站）数据位定义

加工站地址	数据定义	加工站地址	数据定义
M1128	初始态	M1131	联机信号
M1129	加工完成	M1132	运行信号

表 7-16　装配站（3#站）数据位定义

装配站地址	数据定义	装配站地址	数据定义
M1192	初始态	M1195	零件不足
M1193	联机信号	M1196	零件没有
M1194	运行信号	M1197	装配完成

表 7-17　分拣站（4#站）数据位定义

分拣站地址	数据定义	分拣站地址	数据定义
M1256	初始态	M1258	分拣联机
M1257	分拣完成	M1259	分拣运行

② 主站单元控制程序的编写　输送站是 YL-335B 系统中最为重要同时也是承担任务最为繁重的工作单元，主要作用为：输送站 PLC 与触摸屏相连接，接收来自触摸屏的主令信号，同时把系统状态信息回馈到触摸屏；作为网络的主站，要进行大量的网络信息处理。下面着重讨论编程中应予注意的问题和有关编程思路。

a. 内存的配置。为了使程序更为清晰合理，编写程序前应尽可能详细地规划所需使用的内存。在人机界面组态中，也规划了人机界面与 PLC 的连接变量的设备通道，如表 7-18 所示。

表 7-18　人机界面与 PLC 的连接变量的设备通道

序号	连接变量	通道名称	序号	连接变量	通道名称
1	越程故障_输送	M007（只读）	14	单机/全线_供料	M1066（只读）
2	运行状态_输送	M010（只读）	15	运行状态_供料	M1067（只读）
3	单机/全线_输送	M034（只读）	16	工件不足_供料	M1068（只读）
4	单机/全线_全线	M035（只读）	17	工件没有_供料	M1069（只读）
5	复位按钮_全线	M060（只读）	18	单机/全线_加工	M1131（只读）
6	停止按钮_全线	M061（只读）	19	运行状态_加工	M1132（只读）
7	启动按钮_全线	M062（只读）	20	单机/全线_装配	M1193（只读）
8	方式切换_全线	M063（只读）	21	运行状态_装配	M1194（只读）
9	网络正常_全线	M070（只读）	22	工件不足_装配	M1195（只读）
10	网络故障_全线	M071（只读）	23	工件没有_装配	M1196（只读）
11	运行状态_全线	M1000（只读）	24	单机/全线_分拣	M1258（只读）
12	急停状态_输送	M1002（只读）	25	运行状态_分拣	M1259（只读）
13	输入频率_全线	D0（读写）	26	手爪位置_输送	D200（读写）

只有在配置了上面所提及的存储器后，才能考虑编程中所需用到的其他中间变量。避免非常访问内部存储器是编程中必须注意的问题。

b. 主程序结构。由于输送站承担的任务较多，联机运行时，主程序有较大的变动。

·每一扫描周期，须调用网络读/写子程序和通信子程序。

·完成系统工作模式的逻辑判断，除了输送站本身要处于联动方式外，必须所有从站都处于联机方式。

·联机方式下，系统复位的主令信号由 HMI 发出。在初始状态检查中，系统准备就绪的条件，除输送站本站要就绪外，所有从站均应准备就绪。因此，初态检查复位子程序中，除了完成输送站本站初始状态检查和复位操作外，还要通过网络读取各从站准备就绪信息。

·总的来说，整体运行过程仍是按初态检查→准备就绪、等待启动→投入运行等几个阶段逐步进行的，但阶段的开始或结束的条件则发生变化。

·为了实现急停功能，程序主体控制部分需要放在主控指令中执行，即放在 MC（主控）和 MCR（主控复位）指令间。

以上就是主程序的编程思路，主程序的部分清单如图 7-28～图 7-32 所示。

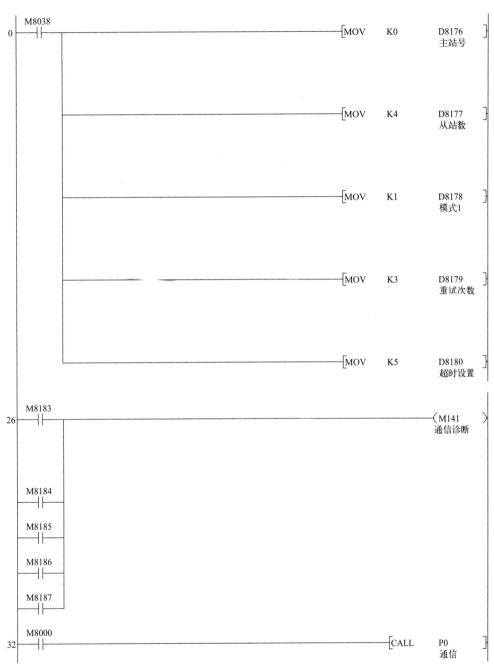

图 7-28　网络组建和通信处理

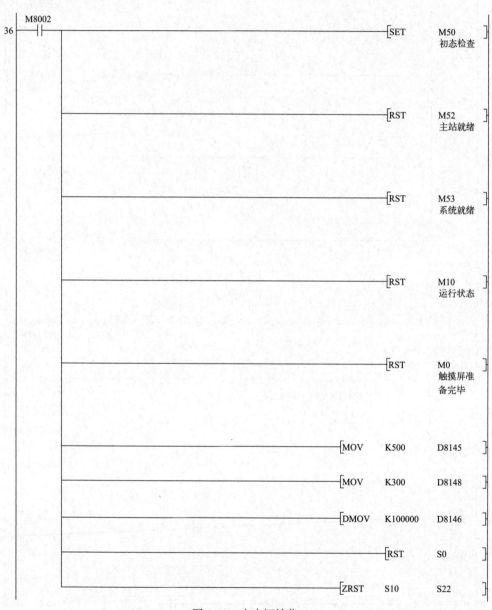

图 7-29　上电初始化

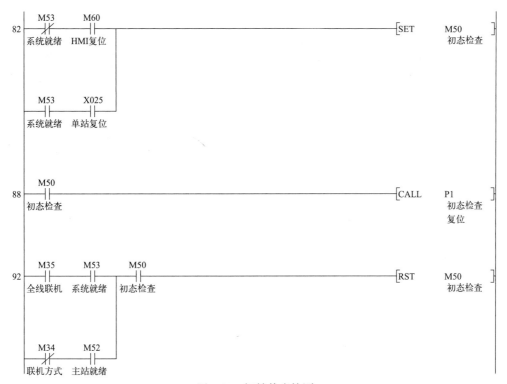

图 7-30 初始状态检测

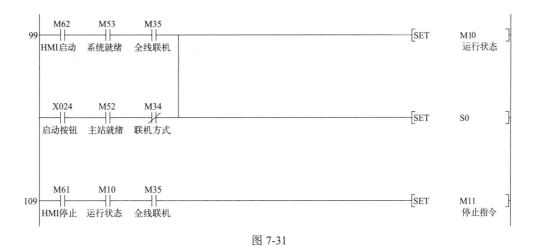

图 7-31

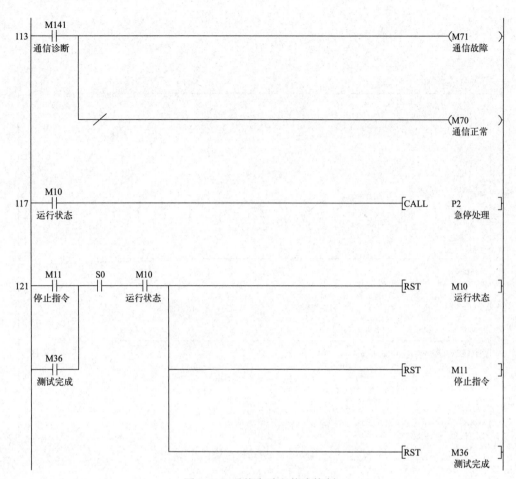

图 7-31　系统启动和停止控制

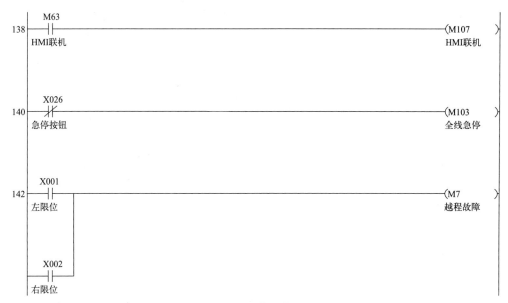

图 7-32　状态指示

c. "运行控制"程序段的结构。联机方式下，输送站的工艺过程与单机方式仅略有不同，主要有以下几点：

• 单机方式下，传送功能测试程序在初始步就开始执行机械手往供料站出料台抓取工件，而在联机方式下，初始步的操作应为：通过网络向供料站请求供料，收到供料站供料完成信号后，如果没有停止指令，则转移到下一步，即执行抓取工件，如图 7-33 所示。

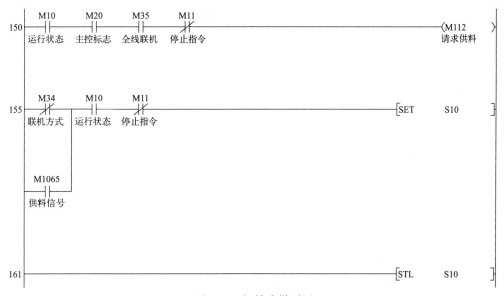

图 7-33　初始步梯形图

·单机方式下，机械手往加工站加工台放下工件，等待 2s 取回工件，而在联机方式下，取回工件的条件是来自网络的加工完成信号。装配站的情况与此相同。

·单机方式下，测试过程结束即可退出运行状态。而在联机方式下，一个工作周期完成后，返回初始步，如果没有停止指令则会开始下一个工作周期。

因此，联机方式下的运行控制程序流程说明如图 7-34 所示。

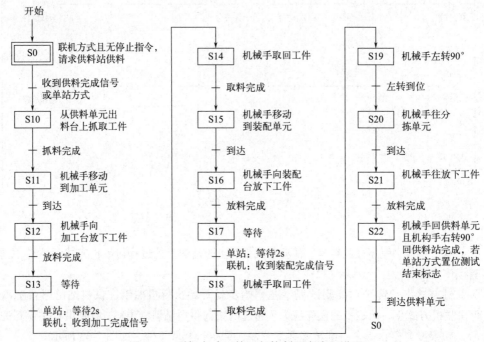

图 7-34　联机方式下的运行控制程序流程说明

d."通信"子程序。"通信"子程序的功能包括从站报警信号处理以及向 HMI 提供输送站机械手当前位置信息。主程序在每一扫描周期都要调用这一子程序。

报警信号处理：

·供料站和装配站"工件不足"和"工件没有"的报警信号发至人机界面。

·处理供料站"工件没有"或装配站"零件没有"的报警信号。

·向 HMI 提供网络正常/故障信息。

向 HMI 提供的输送站机械手当前位置信息由脉冲累计数除以 100 得到。注意：

·在每一扫描周期把脉冲数表示的当前位置转换成长度信息（mm），转发到 HMI 的连接变量 D200。

·每当返回原点完成后，脉冲累计计数清零。

③ 从站单元控制程序的编写　YL-335B 各个工作站在单机方式下的运行程序，前面都已经进行了详细介绍。在联机方式下，程序变动也不大。下面以供料站为例进行说明。

联机方式下的主要变动：一是来自于运行条件的变动，主令信号来自系统通过网络下载的信号；二是各个工作站之间通过网络不断交换信号，由此确定各站的程序和运行条件。对于前者，首先须明确工作站当前的工作模式，以此确定当前有效的主令信号。工作模式切换条件的逻辑判断在上电初始化（M8002 ON）后即可进行，如图 7-35 所示。

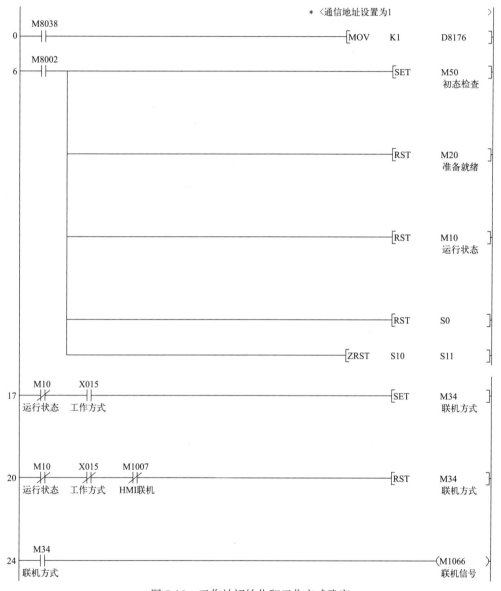

图 7-35　工作站初始化和工作方式确定

接下来的工作与单机方式类似，即：进行初始状态检查，判别工作站是否准备就绪；若准备就绪，则收到全线运行信号或本站启动信号后投入运行状态；在运行状态下，不断监视停止命令是否到来，一旦到来即可置位停止指令，待工作站的工艺过程完成一个工作周期后，使工作站停止工作。梯形图如图 7-36 所示。

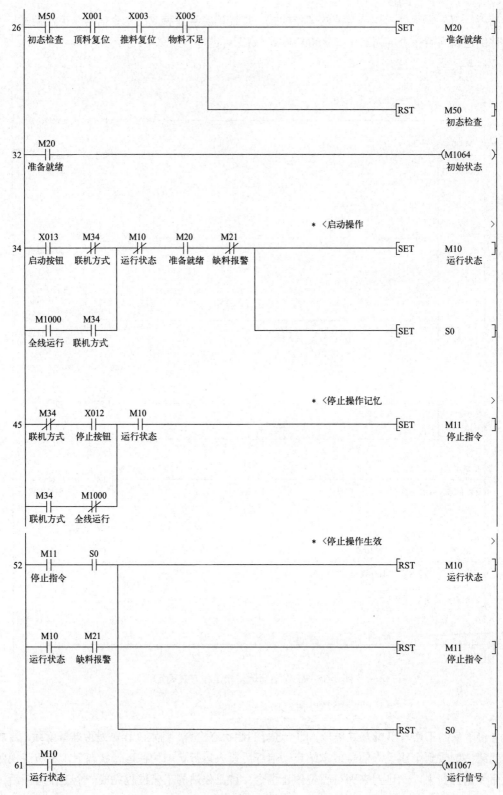

图 7-36　供料单元联机工作主程序

其他从站的编程方法与供料站基本类似，此处不再详述。读者可以参照供料站的编程思路进行详细的比较和分析。

📖 学习环节五

项目考核

根据现场各小组的讨论汇报情况、具体实施情况以及最后的结果，按照表 7-19 对本次任务进行客观评价并记录。

表 7-19　评分表

评分表		工作形式 □个人 □小组分工 □小组	实际工作时间	
训练项目	训练内容	训练要求	学生自评	教师评分
自动化生产线整体安装与调试	1. 工作计划与图纸（20分） 工作计划 材料清单 气路图 电路图 程序清单	电路绘制有错误，每处扣 0.5 分；机械手装置运动的限位保护没有设置或绘制有错误，扣 1.5 分；主电路绘制有错误，每处扣 0.5 分；电路图符号不规范，每处扣 0.5 分，最多扣 2 分		
	2. 部件安装与连接（20分）	装配未能完成，扣 2.5 分；装配完成，但有紧固件松动现象，扣 1 分		
	3. 连接工艺（20分） 电路连接工艺 气路连接工艺 机械安装及装配工艺	端子连接，插针压接不牢或超过 2 根导线，每处扣 0.5 分，端子连接处没有线号，每处扣 0.5 分，两项最多扣 3 分；电路接线没有绑扎或电路接线凌乱，扣 2 分；机械手装置运动的限位保护未接线或接线错误，扣 1.5 分；气路连接未完成或有错，每处扣 2 分；气路连接有漏气现象，每处扣 1 分；气缸节流阀调整不当，每处扣 1 分；气管没有绑扎或气路连接凌乱，扣 2 分		
	4. 测试与功能（30分） 夹料功能 送料功能 整个装置全面检测	启动/停止方式不按控制要求，扣 1 分；运行测试不满足要求，每处扣 0.5 分；工件送料测试，但推出位置明显偏差，每处扣 0.5 分		
	5. 职业素养与安全意识（10分）	现场操作安全保护符合安全操作规程；工具摆放、包装物品、导线线头等的处理符合职业岗位的要求；团队合作有分工、有合作，配合紧密；遵守纪律，尊重教师，爱惜设备和器材，保持工位的整洁		

❓ 课后思考题

1. 如何利用 FX0N-3A 外设给变频器设置 30Hz 频率？
2. 写出输送单元机械手加料和放料的梯形图程序。

《自动化生产线
联机运行》测试题

拓展案例　培养独立思考意识，树立坚毅人格

美国一直以来对中国的高科技企业采取了强硬的打压和限制措施，其中包括对华为的禁运。美国将一些中国企业列入所谓的"实体清单"，这些企业都成为了美国的忌讳对象。但是，有一家中国企业却不担心被美国限制，这就是全球最大的无人机制造商大疆创新科技有限公司。尽管该公司有 80%的芯片依赖进口，但美国似乎并不能限制大疆的发展，这是为什么呢？

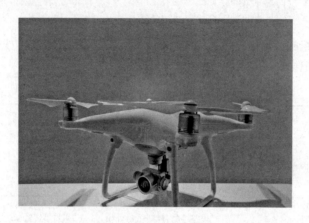

首先，大疆无人机采取了针对性的反制措施，比如把关税转嫁到美国消费者身上，这一方面缓解了大疆在美国市场的经营成本压力，另一方面也增加了美国消费者对大疆无人机的购买热情。而且，大疆无人机在国际市场上的知名度和市场份额非常高，这也为其应对美国的打压提供了一定的保障。

其次，大疆无人机依靠自主研发和技术创新，已经在很多关键技术方面获得了专利，这也是其能够避免美国限制的重要原因。虽然大疆无人机的芯片有很大一部分是从美国进口的，但是它也在积极寻求替代方案，包括在国内寻找替代芯片制造商，这有助于减少对美国芯片的依赖。

大疆无人机之所以能够在全球无人机市场上占据绝对的话语权，主要是由于其手中掌握着领先世界平均水平的软件操作系统和其他核心必要技术。大疆无人机在无人机操作系统、人工智能等领域拥有大量核心专利，其中包括超过5000项标准专利和近2000项的使用授权。这些专利和技术构成了大疆无人机的核心竞争力，也是其能够避免被美国限制的关键原因之一。

最后，大疆无人机在全球市场上的领先地位和强大的核心技术也是其应对美国限制的重要保障。在全球市场上，大疆无人机占据了相当大的份额，这为其在国际市场上立足提供了坚实的基础。同时，大疆无人机还拥有很多核心技术，这使得其在无人机制造领域处于领先地位。

美国企业想要制造一个与大疆无人机相似性能的产品，至少需要使用到大疆无人机手中超过200项的专利。这使得美国企业在短期内无法逾越技术壁垒。此外，光是专利授权费就已经让美国企业无法承受，更不用说消费者对其产品的接受程度。而在技术上，中

国的高科技企业依然拥有很强的优势。

大疆无人机在独门技术方面拥有强大的自主创新能力和完整的产业链布局,并不依赖于美国或其他国家提供关键零部件或软件服务。因此,在面对美国技术封锁时,并不惧怕或动摇,反而更加坚定了自己走创新驱动发展之路的决心。

附:联机运行工作单

项目名称				自动化生产线联机运行				
姓名		学号		班级		小组	日期	

一、资讯

1. 实现 YL-335B 型自动化生产线 5 个工作单元之间 N:N 通信的步骤

(1)

(2)

(3)

(4)

二、决策

按照 3～5 名同学一组进行分配,每组选出组长 1 名,组长对小组任务进行分配,组员根据任务职责完成相关任务。任务分配表如表 1 所示。

表 1 任务分工表

序号	任务描述	组员
1	机械组件安装与调试	
2	气动回路连接与调试	
3	电气回路接线与调试	
4	程序编写与调试	
5	资料整理	

三、计划

按照表 2 所示的工作计划表对自动化生产线整体的安装与调试进行记录。

表 2 工作计划表

步骤	内容	计划时间/h	实际时间/h	完成情况
1	制订安装计划	0.25		
2	任务描述和任务所需图纸与程序	1		
3	写材料清单和领料单	0.25		
4	机械部分安装与调试	1		
5	传感器安装与调试	0.25		
6	按照图纸进行电路安装	0.5		
7	气路安装	0.25		
8	气源与电源连接	0.25		
9	PLC 控制编程	1		
10	人机界面设计	2		
11	按质量要求检查整个设备	0.25		
12	本单元各部分设备的通电、通气测试	0.25		
13	对老师发现和提出的问题进行回答	0.25		
14	输入程序,进行整个装置的功能调试	0.5		
15	如果必要,则排除故障	0.25		
16	该任务成绩的评估	0.5		

四、实施

1. 通信网络建立

设置输送站为 0# 站，供料站为 1# 站，加工站为 2# 站，装配站为 3# 站，分拣站为 4# 站。

根据以上任务书要求，确定通信数据如表 3～表 7 所示。

表 3　输送站（0# 站）数据位定义

输送站地址	数据定义	输送站地址	数据定义
M1000	全线运行	M1007	HMI 联机
M1002	允许加工	M1012	请求供料
M1003	全线急停	M1015	允许分拣

表 4　供料站（1# 站）数据位定义

供料站地址	数据定义	供料站地址	数据定义
M1064	初始态	M1067	运行信号
M1065	供料信号	M1068	物料不足报警
M1066	联机信号	M1069	缺料报警

表 5　加工站（2# 站）数据位定义

加工站地址	数据定义	加工站地址	数据定义
M1128	初始态	M1131	联机信号
M1129	加工完成	M1132	运行信号

表 6　装配站（3# 站）数据位定义

装配站地址	数据定义	装配站地址	数据定义
M1192	初始态	M1195	零件不足
M1193	联机信号	M1196	零件没有
M1194	运行信号	M1197	装配完成

表 7　分拣站（4# 站）数据位定义

分拣站地址	数据定义	分拣站地址	数据定义
M1256	初始态	M1258	分拣联机
M1257	分拣完成	M1259	分拣运行

2. 人机界面设计

（1）完成人机界面通信参数设置，如下图所示，保证通信测试正常。

（2）按任务要求完成人机界面的主画面和欢迎画面的组态设计及变量连接，并实现各工作站之间的监控功能。

3. 联网程序设计

（1）人机界面与 PLC 的连接变量的设备通道设置如表 8 所示。

表8 人机界面与PLC的连接变量的设备通道

序号	连接变量	通道名称	序号	连接变量	通道名称
1	越程故障_输送	M007（只读）	14	单机/全线_供料	M1066（只读）
2	运行状态_输送	M010（只读）	15	运行状态_供料	M1067（只读）
3	单机/全线_输送	M034（只读）	16	工件不足_供料	M1068（只读）
4	单机/全线_全线	M035（只读）	17	工件没有_供料	M1069（只读）
5	复位按钮_全线	M060（只读）	18	单机/全线_加工	M1131（只读）
6	停止按钮_全线	M061（只读）	19	运行状态_加工	M1132（只读）
7	启动按钮_全线	M062（只读）	20	单机/全线_装配	M1193（只读）
8	方式切换_全线	M063（只读）	21	运行状态_装配	M1194（只读）
9	网络正常_全线	M070（只读）	22	工件不足_装配	M1195（只读）
10	网络故障_全线	M071（只读）	23	工件没有_装配	M1196（只读）
11	运行状态_全线	M1000（只读）	24	单机/全线_分拣	M1258（只读）
12	急停状态_输送	M1002（只读）	25	运行状态_分拣	M1259（只读）
13	输入频率_全线	D0（读写）	26	手爪位置_输送	D200（读写）

(2) 编写主站单元控制程序。
(3) 编写分站单元控制程序。
(4) 联网调试并填写全线运行调试工作单（表9）。

表9 全线运行调试工作单

班级		组号		计划学时		实际学时	
成员							
机械安装	是否返工： 存在的问题及解决方法：						
电气接线	是否返工： 存在的问题及解决方法：						
气路连接	是否返工： 存在的问题及解决方法：						
通信网络的建立	存在的问题及解决方法：						
人机界面	存在的问题及解决方法：						
程序设计	存在的问题及解决方法：						
调试及故障诊断							

五、检查、评价

　　根据现场各小组的讨论汇报情况、具体实施情况以及最后的结果按照表10～表12对本次任务进行客观评价并记录。

表 10 自动线设备安装考核技能评分表

姓名		组别		开始时间			
专业/班级				结束时间			
项目内容	考核要求	配分	评分标准	扣分	自评	互评	
按照元件清单核对元件数量并检查元件质量	1. 正确清点元件数量； 2. 正确检查元件质量	15	1. 材料清点有误，扣2分； 2. 检查元件方法有误，扣2分； 3. 坏的元件没检查出来，扣2分				
供料站的装配	1. 正确完成装配； 2. 紧固件无松动	10	1. 装配未能完成，扣6分； 2. 装配完成但有紧固件松动现象，扣2分				
加工站的装配	1. 正确完成装配； 2. 紧固件无松动	10	1. 装配未能完成，扣6分； 2. 装配完成但有紧固件松动现象，扣2分				
装配站的装配	1. 正确完成装配； 2. 紧固件无松动	10	1. 装配未能完成，扣6分； 2. 装配完成但有紧固件松动现象，扣2分				
分拣站的装配	1. 正确安装传送带及构件； 2. 正确安装驱动电机； 3. 紧固件无松动	15	1. 传送带及构件安装位置与要求不符，扣3分； 2. 驱动电机安装不正确，引起运行时振动，扣5分； 3. 有紧固件松动现象，扣3分				
输送站的装配	1. 正确装配抓取机械手； 2. 正确调整气动摆台的摆角	15	1. 抓取机械手装置装配不当，扣5分； 2. 气动摆台的摆角调整不恰当，扣5分				
生产线的总体安装	1. 正确安装工作站； 2. 紧固件无松动	15	1. 工作站安装位置与要求不符，每处扣5分，最多扣5分； 2. 有紧固件松动现象，扣5分				
职业素养与安全意识		10	现场操作安全保护符合安全操作规程；工具摆放、包装物品、导线线头等的处理符合职业岗位的要求；团队有分工、有合作，配合紧密；爱惜设备和器材，保持工位的整洁				
教师点评：			成绩：				

表 11 电路设计和电路连接安装评分表

姓名		组别		开始时间			
专业/班级				结束时间			
项目内容	考核要求	配分	评分标准	扣分	自评	互评	
总电路图	1. 电路图绘制正确； 2. 电路图形符号规范	30	1. 输送站电路绘制有错误，每处扣0.5分； 2. 机械手装置运动的限位保护没有设置或绘制有错误，扣1.5分； 3. 变频器及驱动电机主电路绘制有错误，每处扣0.5分； 4. 电路图形符号不规范，每处扣0.5分，最多扣2分				

续表

项目内容	考核要求	配分	评分标准	扣分	自评	互评
5个分站I/O分配图	1. I/O分配正确; 2. 电路图形符号规范	20	1. 电路图形符号不规范, 每处扣0.5分, 最多扣2分; 2. I/O分配错误, 扣5分			
按图连接	1. 端子连接符合标准; 2. 电路接线整齐; 3. 机械手装置运动的限位保护正确连接; 4. 变频器及驱动电机正确接地	20	1. 端子连接插针压接不牢或超过2根导线, 每处扣0.5分, 端子连接处没有线号, 每处扣0.5分, 两项最多扣3分; 2. 电路接线没有绑扎或电路接线凌乱, 扣2分; 3. 机械手装置运动的限位保护未接线或接线错误, 扣1.5分; 4. 变频器及驱动电机没有接地, 扣1分			
电路中注意事项	电路无故障	20	由于疏忽导致电路出现故障, 每处扣1分			
职业素养与安全意识		10	现场操作安全保护符合安全操作规程; 工具摆放、包装物品、导线线头等的处理符合职业岗位的要求; 团队有分工、有合作, 配合紧密; 爱惜设备和器材, 保持工位的整洁			
教师点评:			成绩:			

表12 气路连接安装评分表

姓名		组别		开始时间	
专业/班级				结束时间	

项目内容	考核要求	配分	评分标准	扣分	自评	互评
绘制气路总图	正确绘制总气路图	10	总气路绘制有误, 每处扣0.5分			
绘制各站气路图	正确绘制各站气路图	5	气路绘制有误, 每处扣1分			
从气泵出来的主气路装配	1. 正确连接气路; 2. 气路连接无漏气现象	5	气路连接未完成或有错误, 每处扣2分; 气路连接有漏气现象, 每处扣1分			
供料站气路的装配	正确安装供料站气路	5	气缸节流阀调整不当, 每处扣1分			
加工站气路的装配	正确安装加工站气路	5	气路连接有漏气现象, 每处扣1分			
装配站气路的装配	正确安装装配站气路	5	气路连接有漏气现象, 每处扣1分			
分拣站气路的装配	正确安装分拣站气路	5	气路连接有漏气现象, 每处扣1分			
输送站气路的装配	正确安装输送站气路	10	气管没有绑扎或气路连接凌乱, 扣2分			

续表

项目内容	考核要求	配分	评分标准	扣分	自评	互评
按质量要求检查整个气路	气路连接无漏气现象	10	气路连接有漏气现象，每处扣1分			
各部分设备的测试	正确完成各部分测试	5	每处扣1分			
整个装置的功能调试	成功完成整个装置的功能调试	10	调试未成功，扣3分			
如果有故障及时排除	及时排除故障	10	故障未排除，扣3分			
对老师发现和提出的问题进行回答	正确回答老师提出的问题	5	未能回答老师提出的问题，扣2分			
职业素养与安全意识		10	现场操作安全保护符合安全操作规程；工具摆放、包装物品、导线线头等的处理符合职业岗位的要求；团队有分工、有合作，配合紧密；爱惜设备和器材，保持工位的整洁			
教师点评：				成绩：		

项目拓展篇

项目八

工业机器人的认知

项目学习目标

① 理解工业机器人的定义和组成。

② 了解工业机器人的分类。

工业机器人的历史并不算长，1959年，美国英格伯格和德沃尔制造出世界上第一台工业机器人，工业机器人的历史才真正开始。

由英格伯格负责设计机器人的"手""脚""身体"，即机器人的机械部分和完成操作部分；由德沃尔设计机器人的"头脑""神经系统""肌肉系统"，即机器人的控制装置和驱动装置。它成为世界上第一台真正的实用工业机器人。

1. 工业机器人的定义

工业机器人按 ISO 8373 定义为："位置可以固定或移动，能够实现自动控制、可重复编程、多功能多用处、末端操作器的位置要在 3 个或 3 个以上自由度内可编程的工业自动化设备。"这里自由度是指可运动或转动的轴。

我国对机器人的定义是："机器人是一种自动化的机器，所不同的是这种机器具备一些与人或生物相似的智能能力，如感知能力、规划能力、动作能力和协同能力，是一种具有高度灵活性的自动化机器。"

2. 工业机器人的组成

工业机器人是机电一体化的系统，由三大部分和六个子系统构成。三大部分指机械部分、传感部分和控制部分，六个子系统指驱动系统、机械结构系统、感受系统、机器人-环境交互系统、人-机交互系统和控制系统。其组成部分关系图如图 8-1 所示。

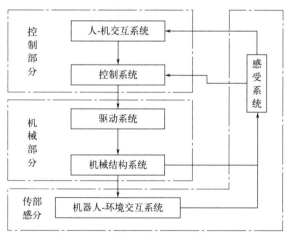

图 8-1 工业机器人组成部分关系图

（1）三大部分

① 机械部分：机械部分是机器人的基础，相当于机器人的血肉组成，其结构决定了机器人的用途、性能和控制特性，机械部分包括两个子系统，即驱动系统、机械结构系统。

② 传感部分：传感部分是机器人获取外部信息的来源，相当于人类的五官。机器人可以通过传感部分来感知机器人自身和外部环境状况，指导机器人更加精确地工作。传感部分主要包括感受系统和机器人-环境交互系统。

③ 控制部分：控制部分是工业机器人的核心，相当于机器人的大脑，确保操作人员获取作业信息的及时性和准确性，并按照需求对机器人的动作进行控制，分为人机交互系统和控制系统。

（2）六个子系统

① 驱动系统：为了使机器人的执行机构顺利运行，需给各个关节安装传动装置，这就是驱动系统。它的作用是为机器人各部分、各关节动作提供原动力，包括工业机器人的动力装置和传动机构。

② 机械结构系统：是指工业机器人完成各种动作及运动的机械部件，主要由骨骼（杆件）和连接它们的关节（运动副）构成。每部分具有若干个自由度，构成一个多自由度的机械系统。

③ 感受系统：通常由内部传感器模块和外部传感器模块组成，用于检测机器人自身状态和检测操作对象和作业环境，从中获取内部和外部环境状态中有意义的信息。内部传感器模块包括位置传感器和速度传感器等；外部传感器模块包括触觉传感器、视觉传感器、力觉传感器、接近觉传感器、超声波传感器和听觉传感器等。

④ 机器人-环境交互系统：是实现工业机器人与外部环境中的设备进行相互联系和协调的系统。工业机器人通常与外部设备集成为一个功能单元，例如加工制造单元、焊接单元、装配单元等，也可以是多台机器人、多台机床或设备、多个零件存储装置等集成为一个去执行复杂任务的功能单元，协助工业机器人建立与外部设备的良好交互渠道。

⑤ 人-机交互系统：是使操作人员参与机器人控制并与机器人进行信息交换的装置，主要用于工业机器人的监控、示教、仿真、离线编程和在线控制等方面，例如计算机的标准终端、信息显示板、危险信号警报器、指令控制台、示教盒等。

⑥ 控制系统：是根据机器人的作业指令程序以及从传感器反馈回来的信号，按照输入的程序对驱动系统和执行机构发出指令信号的支配系统。主要按照其是否具备信息反馈特征、控制原理和控制运动的形式三个方面进行分类，可根据设备和特殊要求进行灵活适配。

3. 工业机器人的分类

（1）码堆作业机器人

码堆作业机器人如图 8-2 所示，主要用在产品出厂工序和仓库时的存储保管时进行的作业。该作业是将几个产品放在托板或箱内，在产品出厂或仓库存储保管时使用。如果靠人工搬运，不仅任务艰巨，作业效率也会非常低。使用码堆作业机器人就能够在短时间内按照订单将各类产品大量、迅速地堆积在托板上交付。

图 8-2　码堆作业机器人

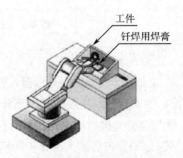

工件
钎焊用焊膏

图 8-3　密封作业机器人

（2）密封作业机器人

密封作业机器人如图 8-3 所示。在机器人的机械手前端安装涂敷头，进行密封剂、填料、焊料涂敷等作业。密封作业机器人因为需要对密封部件进行连续、均匀的涂敷，所以在编程时必须考虑涂敷作业的技术，如须处理好涂敷开始时的行走等待时间，从而确保涂敷效果。

（3）浇口切割作业机器人

浇口切割作业机器人如图 8-4 所示，主要用于切割塑料注塑成型时的作业。在机器人的机械手前端安装切割工具进行作业。为了切割位于复杂位置处的浇口，使用可适应各种姿势的具有 5 轴、6 轴自由度垂直多关节机器人。

（4）机床上的工件装卸作业机器人

机床上的工件装卸作业机器人如图 8-5 所示，用于在机床的工件夹头上安装未加工的工件，以及将加工结束后的工件取下。因为在整个工件流程中，使工件整齐排列等作业比较复杂，所以必须使用具有 5 轴或 6 轴自由度垂直多关节机器人，并且在机构上能承受车削时产生的粉尘。

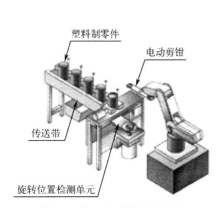

图 8-4　浇口切割作业机器人

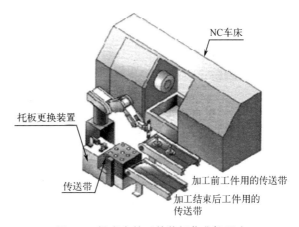

图 8-5　机床上的工件装卸作业机器人

4. 工业机器人的发展趋势

机器人技术是一种综合性高技术，它涉及多种相关技术及学科，如机构学、控制工程、计算机、人工智能、微电子学、传感技术、材料科学以及仿生学等科学技术。因此机器人技术的发展一方面带动了相关技术及学科的发展，另一方面也取决于这些相关技术和学科的发展进程。

（1）机器人操作机

负载/自重比大、高速高精度的机器人操作机一直是机器人设计者追求的目标，通过有限元模拟分析及仿真设计等现代设计方法的运用，机器人操作机已实现了优化设计。

（2）并联机器人

采用并联机构，利用机器人技术实现高精度测量及加工，这是机器人技术向数控技术的拓展，为将来实现机器人和数控技术的一体化奠定了基础。

（3）控制系统

目前，控制系统的性能得到了进一步的提高，已由过去控制标准的 6 轴机器人发展到了现在能够控制 21 轴甚至 27 轴，以实现多机器人系统及周边设备的协调运动，并且实现了软件伺服和全数字控制。

（4）传感系统

激光传感器、视觉传感器和力传感器在工业机器人系统中已得到广泛应用，并实现了利用激光传感器和视觉传感器进行焊缝自动跟踪以及自动化生产线上物体的自动定位、利用视觉系统和力觉系统进行精密装配作业等，大大提高了机器人的作业性能和对环境的适应性。

（5）网络通信功能

最新机器人控制器已实现了与 Canbus、Profibus 总线及一些网络的连接，使机器人由专用设备向标准化设备发展。

（6）可靠性

由于微电子技术的快速发展和大规模集成电路的应用，机器人系统的可靠性有了很大提高。过去机器人系统的可靠性 MTBF 一般为几千小时，而现在已达到 5 万小时，几乎可以满足任何场合的需求。

 **项目九**

柔性生产线技术的认知

项目学习目标

① 了解柔性生产线的产生和特点；
② 掌握柔性生产线的定义、组成及类型。

传统的生产工艺只有在品种单一、批量大、设备专用、工艺稳定及效率高时，才能构成规模经济效益。反之，多品种、小批量生产，设备的专用性低，在加工形式相似的情况下，频繁地调整工具夹，工艺稳定难度增大，生产效率势必受到影响。为了同时提高制造工业的柔性和生产效率，使其在保证产品质量的前提下，缩短产品生产周期，降低产品成本，最终使中小批量生产能与大批量生产抗衡，柔性自动化系统便应运而生。

1. 柔性生产线的定义

所谓柔性，是指制造系统（企业）对系统内部及外部环境的一种适应能力，也是指制造系统能够适应产品变化的能力。与刚性自动化生产线相比，柔性生产线工序相对集中、没有固定的生产节拍、没有物流统一的路线，进行混流加工，实现在中小批量生产条件下接近大量生产中采用刚性自动线所实现的高效率和低成本。

我国对柔性生产线的定义：柔性生产线是数控加工设备、物料运储装置和计算机控制系统等组成的自动化制造系统，包括多个柔性制造单元，能根据制造任务或生产环境的变化迅速调整，适用于多品种、中小批量生产。

美国制造工程师协会（SME）的计算机辅助系统和应用协会把柔性生产线定义为：使用计算机、柔性加工单元和集成物料储运装置完成零件族某一工序或一系列工序的一种集成制造系统。

各种定义的描述方法虽然有所不同，但都反映了柔性生产线应具备以下特点：

（1）硬件组成

① 两台以上的数控机床或加工中心以及其他加工设备，包括测量机、清洗机、动平衡机、各种特种加工设备等。

② 一套能自动装卸的运输系统，包括刀具储运和工件及原材料储运。具体结构可采用传输带、有轨小车、无轨小车、搬运机器人、上下料托盘站等。

③ 一套计算机控制系统及信息通信网络。

（2）软件组成

① 柔性制造系统（FMS）的运行控制系统；

② FMS 的质量保证系统；

③ FMS 的数据管理和通信网络系统。

（3）FMS 必须具备的功能

① 能自动管理零件的生产过程，自动控制制造质量，自动进行故障诊断及处理，自动进行信息收集及传输；

② 简单地改变软件或系统参数，便能制造出某一零件族的多种零件；

③ 物料的运输和储存必须为自动（包括刀具等工装和工件的自动运输）；

④ 能解决多机床条件下零件的混流加工，且无须额外增加费用；

⑤ 具有优化调度管理功能，能实现无人化或少人化加工。

2. 柔性生产线的构成

柔性生产线结构图如图 9-1 所示，下面以机械制造业柔性生产线为例说明柔性生产线的构成及作用，如表 9-1 所示。

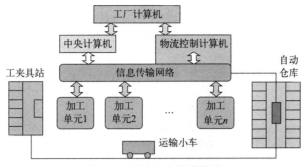

图 9-1　柔性生产线结构图

表 9-1　柔性生产线的构成及作用

构成	作用
自动加工系统	指以成组技术为基础，把外形尺寸（形状不必完全一致）、重量大致相似，材料相同，工艺相似的零件集中在 1 台或数台数控机床或专用机床等设备上加工的系统
物流系统	指由多种运输装置构成，如传送带、机械手等，完成工件、刀具等的供给与传送的系统，它是柔性制造系统的主要组成部分
信息系统	指对加工和运输过程中所需的各种信息进行收集、处理、反馈，并通过电子计算机或其他控制装置（液压、气压装置等）对机床或运输设备实行分级控制的系统
软件系统	指保证柔性制造系统用电子计算机进行有效管理的必不可少的组成部分。它包括设计、规划、生产控制和系统监督等软件

3. 柔性生产线的类型

随着微电子技术、计算机技术、通信技术、机械与控制设备的发展，柔性制造技术日臻成熟，如今，柔性生产线已成为各工业化国家机械制造自动化的研制发展重点。柔性生产线主要分为以下四种类型。

（1）柔性制造单元

柔性制造单元（FMC）如图 9-2 所示。FMC 是由 1～2 台数控机床或加工中心构成的加工单元，并具有不同形式的刀具交换和工件的装卸、输送及储存功能。除了机床的数控装置外，FMC 通过一台单元计算机进行程序管理和外围设备的管理。FMC 适合加工形状复杂、工序简单、工时较少、批量小的零件。它有较大的设备柔性，但人员和加工柔性低。

（2）柔性制造系统

柔性制造系统（FMS）如图 9-3 所示。FMS 由 2 台以上的加工中心，以及清洗、检测设备组成，具有较完善的刀具和工件的输送和储存系统，除调度管理计算机外，还配有过程控制计算机和分布式数控终端等，形成多级控制系统组成的局部网络。FMS 适合于加工形状复杂、加工工序繁多并有一定批量的多种零件。

（3）独立制造岛

独立制造岛（AMI）如图 9-4 所示。独立制造岛是以成组技术为基础，由若干台数控机床和普通机床组成的制造系统，特点是将工艺技术装备、生产组织管理和制造过程结合在一起，借助计算机进行工艺设计、数控程序管理、作业计划编制和实时生产调度等。其使用范围广，投资相对较少，各方面柔性较高。

图 9-2　柔性制造单元（FMC）

图 9-3　柔性制造系统（FMS）

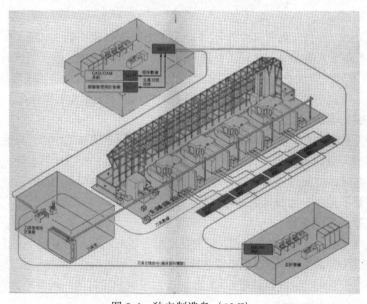

图 9-4　独立制造岛（AMI）

（4）柔性制造工厂（FMF）

柔性制造工厂（FMF）如图9-5所示。FMF是由计算机系统和网络通过制造执行系统MES，将设计、工艺、生产管理及制造过程的所有FMC、柔性线FMS连接起来，配以自动化立体仓库，实现从订货、设计、加工、装配、检验、运送至发货的完整数字化制造过程。

FMF将制造、产品开发及经营管理的自动化连成一个整体，以信息流控制物质流的智能制造系统（IMS）为代表，特点是实现整个工厂的柔性化及自动化。它是自动化生产的最高水平，反映出世界上最先进的自动化应用技术。

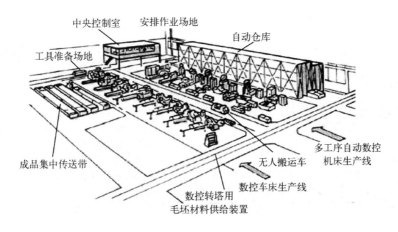

图9-5　柔性制造工厂（FMF）

 拓展案例　科技引领未来，胸怀家国情怀

华为5G故事：为数智化转型注入新动能

在建设数字中国的宏伟蓝图下，全社会、全行业的数字化转型和智能化升级进一步加速。而5G之于数智化，正如电网之于工业化，在新的历史时期必将发挥更重要的作用。我国不仅建成了全球领先的5G网络，实现了地级以上城市的全覆盖，更已在煤矿、钢铁、港口、制造等20余个行业部署了5G应用，超过5000个商用创新项目正在实施落地，5G行业应用合同签署量超过1000个。

2013年，华为发布了5G白皮书，作为欧盟5G项目的主要推动者，英国5G创新中心的发起者，华为正悄悄地领跑世界。2014年，华为在全球9个国家建立了5G新研究中心，一步步地累实基础。2016年，华为已在全球部署了最少60张4.5G网络，为5G又奠定了坚实基础。

在贵阳召开的2021中国国际大数据产业博览会上，华为高级副总裁、中国区总裁鲁勇在以"科创中国：数智化转型 5G+万物致新"为主题的高端对话上，观点鲜明地提出"5G 正在成为数智化转型的新动能"，分享了在 5G 个人和行业应用方面的成功故事，并倡议以四大方向的持续创新推动产业繁荣发展。

（1）5G：为数智化转型注入新动能

从量变到"智"变，经济社会的新一轮跃迁蓄势待发。面对数字化向数智化升级的新机遇，5G 的价值将更加凸显。

何谓"数智化"？数智化转型的核心，就是要让数据发挥出最大价值，包括通过数据的交互与呈现、数据的流通，以及对数据的分析与处理，使数据这一新时期的生产要素转化为生产力。

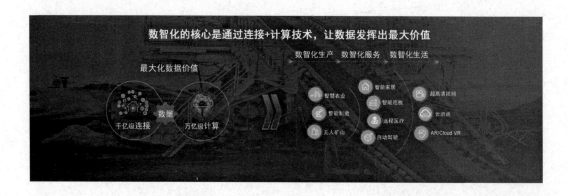

在此过程中，两大基础技术是关键，即以 5G、全光通信、IP 网络等为代表的连接技术，以及以云计算、数据中心、人工智能等为代表的计算技术。唯有通过这些根技术的融合发展，才能真正让数据产生价值，从而满足数智化生产、服务与生活的需要，推动社会进步。

（2）5GtoC：用数字点亮现实世界

华为在某节目中携手栏目方及相关伙伴，在现场布放了 128 个高清相机进行拍摄，得益于 5G 高速率、低时延的数据传输，结合智能云端合成与渲染技术，实现了 360°自由视角的直播。移动环境下，观看者使用 5G 手机就能切换任意视角，更细致地品鉴舞者动作，领略全新的感官体验。

"第一代互联网是信息的互联网；第二代互联网是基于人的社交互联网，所以诞生了像微信、推特这样伟大的应用；而第三代互联网就是真正的数字孪生，将真实的世界和数字世界相结合的互联网。"鲁勇说道。

（3）5GtoB：驱动先发行业数智升级

作为一项使能"万物互联"的关键技术，5G 在行业维度的表现备受关注。除了大家所熟知的网络基本特性，5G 还具备上行大带宽、室内精准定位、5G 专网、端到端切片等原子能力。这些原子能力与云计算、AI、大数据等技术融合，并依托丰富的行业终端，构造出行业数字化转型所需的水平应用场景。其再与垂直行业特性相结合，成为行业智能解决方案，为政企的生产、运营、管理带来巨大价值。

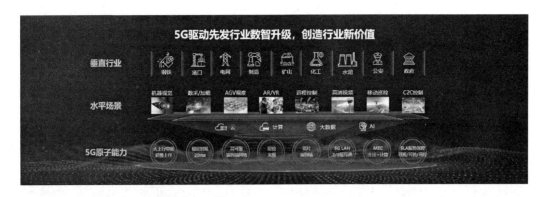

首先，5G 让劳动者更舒适。我们知道，港口的龙门吊司机是一份十分辛苦的职业，他们每天在 30m 高的操控室低头作业，由于上下塔的不便，在工作过程中不得不断水断食；再加上这个工种对技能要求高、培训久，很多年轻人不愿意做龙门吊司机。为了解决这一问题，青岛、宁波、厦门、深圳等港口通过 5G+高清视频，实现龙门吊的远程控制，司机坐在环境舒适的空调房里即可完成作业；此外，1 名龙门吊司机可操控 3～6 台龙门吊，在改善工作环境的同时，大幅提升了人员应用效率。

在生产华为 Mate、P 系列手机的华为南方工厂，5G 与其他智能技术融合，让制造更智能。对比生产线的过去与现在，很明显地看到现在的产线操作人员大大减少。得益于 5G 生产专网，车间里 500 多台设备都已经接入 5G 网络，设备之间数据实时交互，自动导航车（AGV）在规定的线路上进行来往供货、运货。有了这样的智能化产线，操作工人数量相比过去减少 80%以上，整体的生产效率提升了 3 倍以上。

对于面临易燃、易爆、高温、高压、有毒、强腐蚀性等挑战的化工行业而言，安全是重中之重，对安全管控的要求也非常苛刻。在江西星火有机硅化工厂，通过5G智能终端巡检、5G机器人巡检、5G移动作业监控等手段对厂区内全要素进行视频采集和全天候分析，工艺安全预判效率提升了80%；同时，在5G移动作业监控下，生产作业违规行为减少了78%。

参 考 文 献

[1] 吕景泉. 自动化生产线安装与调试[M]. 2版. 北京：中国铁道出版社，2009.

[2] 李俊秀. 可编程序控制器原理及应用[M]. 北京：化学工业出版社，2003.

[3] 张同苏，徐月华. 自动化生产线安装与调试（三菱FX系列）[M]. 北京：中国铁道出版社，2010.

[4] 三菱电机. 三菱微型可编程序控制器FX1S，1N，2N，2NC系列编程手册[Z]，2010.

[5] 三菱电机. FX系列通讯（RS-232C，RS485）用户手册[Z]，2011.

[6] 三菱电机. FX系列特殊功能模块用户手册[Z]，2010.

[7] 三菱电机. 三菱通用变频器FR-E700使用手册：应用篇[Z]，2011.

[8] 上海会通自动化科技发展有限公司. MINAS A4系列使用说明书（第四版）[Z]，2007.

[9] 邱公伟. 可编程序控制器网络通信及应用[M]. 北京：清华大学出版社，2000.

[10] 北京昆仑通态自动化软件科技有限公司. MCGS初级教程[Z]，2009.

[11] 胡海清，陈爱民. 气压与液压传动控制技术[M]. 北京：北京理工大学出版社，2006.

[12] 徐沛. 自动生产线应用技术[M]. 北京：北京邮电大学出版社，2015.